Jeûne Intermittent et Régime Cétogène

Combinez les bienfaits du jeûne intermittent avec le régime keto pour perdre du poids rapidement et améliorer votre santé au quotidien

BS COOK

© 2020 BS COOK

Tous les droits sont réservés. Aucune partie de ce livre ne peut être reproduite ou transmise sous quelque forme que ce soit par quelque moyen que ce soit, électronique, mécanique, par photocopie, enregistrement ou autrement, sans l'autorisation écrite préalable de l'éditeur.

Table des matières

PARTIE I : INTRODUCTION AU JEUNE INTERMITTENT ET AU REGIME CETOGENE 9

    Un changement pour une meilleure santé 11

    Qu'est-ce que la cétose ? 12

    Cétogène vs Paléo 14

    Glucides vs Glucides nets 15

    Combien de temps faut-il pour que la cétose s'installe ? 16

    Jeûne intermittent : qu'est-ce que cela signifie ? 17

        Le jeûne vs la famine 17

        Aurez-vous faim pendant le jeûne ? 17

        Pourquoi choisir le jeûne intermittent ? 18

        Les liquides sont-ils autorisés pendant le jeûne ? 19

    La puissance de la combinaison jeûne intermittent - keto 20

        Comment cela fonctionne-t-il ? 21

        Planification de votre période de jeûne 21

    Avant de commencer 22

        Définissez vos objectifs 22

        Macronutriments vs Calories : Lesquels faut-il compter ? 23

    Les effets secondaires physiques du keto 25

        Grippe Céto 25

        Haleine keto 26

    Sommeil et Exercice 28

    Parlez-en à vos amis et à vos proches 29

    Comment rester en cétose et que se passe-t-il si vous en sortez ? 30

    Connaissez les aliments à apprécier et à éviter 31

    Quand et comment s'arrêter 36

PARTIE II : PLANS DE REPAS 37

    Plan de 4 semaines - Repas de midi à 18 h seulement 39

    Plan de 4 semaines — Jeûne intermittent alterné 40

PARTIE III : RECETTES 41

PETIT-DÉJEUNER ... 43

- Flocons d'avoine aux noix de pécan ... 45
- Muffins au bacon, aux œufs et au fromage ... 46
- Œufs aux avocats et au fromage ... 47
- Crêpes aux myrtilles et aux amandes ... 48
- Crapaud dans son trou ... 49
- Milk-shake aux baies ... 50
- Omelette aux épinards et aux champignons ... 51

DÉJEUNER ... 53

- Roulés au bacon et à la dinde ... 54
- Zoodles épicé au sésame ... 55
- Poivrons farcis à l'italienne ... 56
- Salade chaude d'épinards et de poulet ... 58
- Salade César au poulet ... 59
- Ailes de poulet à la vinaigrette ranch ... 60
- Sucettes de bacon et de crevettes ... 61
- Salade de crevettes et d'avocats ... 62
- Couscous de chou-fleur frit au porc ... 63

DÎNER ... 65

- Salade de porc et de Kimchi ... 67
- Hamburgers thaïlandais à la dinde ... 68
- Bavette de bœuf au chou ... 69
- Bœuf à la bolognaise ... 70
- Poulet rôti au beurre ... 71
- Bols de fajitas au poulet ... 72
- Galettes de saumon aux amandes ... 73
- Boulettes suédoises ... 74
- Pizza keto ... 75

GÂTERIES ET BOISSONS ... 77

- Pudding au chia ... 79
- Bombes de gras aux amandes ... 80
- Mousse d'avocat aux amandes ... 81
- Crème fouettée à la noix de coco ... 82

Café Bulletproof	83
Chai Bulletproof	84
PRÉPARATIONS BASIQUES	**85**
Bouillon d'os de poulet	86
Sauce tomate	87
Vinaigrette Ranch	88
Vinaigrette simple	89
Croustilles de parmesan	90
Couscous de chou-fleur	91
Zoodles	92
Conversion des unités de mesure	**93**

PARTIE I : INTRODUCTION AU JEUNE INTERMITTENT ET AU REGIME CETOGENE

Un changement pour une meilleure santé

Nous sommes ce que nous mangeons. Cela ressemble à une déclaration simple et directe, n'est-ce pas ? Allons plus loin, et examinons comment nous mangeons. Il y a de fortes chances pour que vous cherchiez à changer les choses si vous lisez ce livre. Peut-être que le but est de perdre du poids, en essayant de perdre ces derniers kilos obstinés. Peut-être envisagez-vous de modifier votre régime alimentaire pour prendre des mesures préventives afin de vous mettre sur la voie d'une meilleure santé pour l'avenir.

Le jeûne intermittent et la cétose sont probablement des termes familiers ou du moins reconnaissables. Contrairement aux régimes à la mode, où vous pourriez constater des résultats rapides difficiles à maintenir à long terme, le jeûne intermittent et la cétose ciblent tous deux le système fondamental de la façon dont vous consommez la nourriture et les choix que vous faites à chaque repas. Mis en œuvre correctement, le jeûne intermittent et le keto sont des changements de mode de vie et des solutions à long terme pour une meilleure santé et un plus grand bonheur.

Grâce à la disponibilité actuelle de l'information, tout ce que nous voulons savoir sur tout est à portée de main, ou d'un simple coup de baguette magique. Cette même commodité peut souvent vous laisser avec une surcharge d'informations. Comment déchiffrer tout cela et déterminer si le jeûne intermittent et le keto vous conviennent ? C'est le but de ce livre. J'ai fait une plongée profonde dans les deux modes de vie et j'ai analysé les avantages des deux pratiques — mises en œuvre seules et combinées — afin que vous puissiez aller droit au but et commencer votre voyage de jeûne intermittent et du keto.

Avant de vous lancer dans des changements, abordez cette question comme vous le feriez pour n'importe quelle recette — lisez d'abord les instructions du début à la fin. Assurez-vous que vous comprenez non seulement comment faire un jeûne intermittent et préparer des repas adaptés à la pratique du keto, mais aussi la science qui se cache derrière tout cela.

La lecture de tous les éléments d'introduction facilitera la transition vers ce nouveau mode de vie et vous aidera à mener à bien le plan de quatre semaines. Aussi il peut être séduisant de passer directement sur le plan de 4 semaines et aux recettes, gardez à l'esprit qu'une base solide est la clé du succès. Les mots qui se trouvent entre cette introduction et les recettes fournissent les briques et le mortier nécessaires pour construire un départ solide.

Soyez prêt à affronter les opposants. De nos jours, tout le monde est un expert, prêt à partager ses opinions, qu'elles soient les bienvenues ou non. N'oubliez pas que VOUS seul êtes un expert en la matière. Après avoir lu les sections suivantes, vous saurez si le keto intermittent est fait pour vous. Bien entendu, si vous avez des problèmes de santé sous-jacents, consultez toujours un médecin avant de modifier votre alimentation et votre mode de vie.

Qu'est-ce que la cétose ?

En première ligne, les glucides sont une forme de nutrition rapide, souvent rapide et peu coûteuse à faire vivre chaque jour. Pensez à tous ces en-cas à emporter que nous associons au petit-déjeuner : barres de céréales, smoothies fourrés aux fruits, muffins. Nous commençons nos matinées avec des glucides, et nous les empilons au fur et à mesure que la journée avance.

Ce n'est pas parce qu'une chose fonctionne que c'est le moyen le plus efficace. Les tissus et les cellules qui composent notre corps ont besoin d'énergie pour accomplir les fonctions quotidiennes qui nous maintiennent en vie. Il existe deux sources principales d'énergie qu'ils peuvent puiser dans les aliments que nous consommons. Les glucides, qui se transforment en glucose, constituent l'une de ces sources d'énergie. C'est le modèle actuel que la plupart d'entre nous suivent. Il existe cependant un autre combustible, plus surprenant encore : les graisses. Oui, la chose même qu'on vous a dit de limiter toute votre vie pourrait bien être la ressource dont vous avez besoin pour relancer votre métabolisme. Les composés organiques, appelés cétones, sont libérés lorsque notre corps métabolise la nourriture et décompose les acides gras. Les cétones agissent comme de l'énergie pour maintenir le fonctionnement de nos cellules et de nos muscles.

Vous avez probablement entendu le mot « métabolisme » tout au long de votre vie, mais savez-vous ce qu'il signifie exactement ? Ce terme désigne simplement les réactions chimiques nécessaires à tout organisme vivant pour rester en vie. Bien sûr, notre métabolisme est tout sauf simple étant donné la complexité du corps humain. Notre corps est constamment au travail. Même lorsque nous dormons, nos cellules se construisent et se réparent continuellement. Elles ont besoin d'extraire l'énergie de notre corps.

Le glucose, qui est la substance en laquelle les glucides sont décomposés une fois que nous les mangeons, est un moyen d'alimenter notre métabolisme. Nos directives actuelles en matière de nutrition se concentrent sur les glucides en tant que source d'énergie primaire. Si l'on tient compte des sucres supplémentaires que nous consommons et des portions quotidiennes recommandées de fruits, de légumes riches en amidon, de céréales et de protéines d'origine végétale (par exemple, les haricots), notre corps ne manque pas de glucose. Le problème avec ce modèle de consommation d'énergie est qu'il nous laisse comme des hamsters qui courent sur une de ces roues. Nous brûlons de l'énergie, mais n'arrivons à rien, surtout si nous consommons plus de glucides que notre corps ne peut en utiliser dans une journée complète de travail.

Mais il y a cette autre forme d'énergie que j'ai mentionnée : la graisse. Comment cela fonctionne-t-il exactement ? Est-il possible que l'exploitation de cette source de carburant alternative aide notre corps à brûler l'énergie plus efficacement, avec un bénéfice global plus important pour notre santé ? Nous sommes revenus à cette vieille idée que vous êtes ce que vous mangez, sauf que maintenant, pensez plutôt à la théorie principale, à savoir que vous brûlez ce que vous mangez. C'est là que la cétose entre en jeu. Le passage à un régime alimentaire riche en graisses, modérément protéiné et pauvre en glucides permet à votre corps d'entrer dans un état de cétose, dans lequel vous métabolisez les graisses, déclenchant une libération de cétones pour alimenter les fonctions de nos rouages internes élaborés. Le foie libère les cétones après la décomposition des acides gras.

Atteindre un état de cétose est une question d'équilibre, mais pas celui auquel vous êtes habitué lorsqu'il s'agit de manger. Il s'avère que notre pyramide alimentaire actuelle, qui nous enjoint de consommer une quantité démesurée d'aliments riches en glucides pour obtenir de l'énergie, est à l'envers. Un plan plus efficace pour alimenter votre corps comporte des graisses au sommet, qui représentent 60 à 80 % de votre alimentation, des protéines au milieu, de 20 à 30 %, et des glucides (en réalité du glucose déguisé) tout en bas, qui ne représentent que 5 à 10 % de votre plan alimentaire quotidien.

Cétogène vs Paléo

L'évolution nous offre de nombreux avantages. La possibilité d'utiliser le feu et l'électricité pour cuire nos aliments est la seule preuve que le progrès peut être une bonne chose. Quelque part entre notre mode de vie de chasseurs-cueilleurs et le monde moderne d'aujourd'hui, un grand écart s'est produit. Certes, notre espérance de vie est plus longue aujourd'hui, mais qu'en est-il de la qualité de ces années supplémentaires du point de vue de la santé ? La sensation de léthargie qui semble ne jamais disparaître n'est peut-être pas seulement due au fait que vous avez besoin de dormir davantage (bien que le sommeil soit toujours une bonne chose !).

Si la nourriture est le carburant de notre corps, on peut dire sans risque que ce que nous mangeons a un impact sur notre productivité. Mettez du diesel dans une voiture conçue pour fonctionner à l'essence et les effets sont désastreux. Est-il possible que notre corps se trouve dans un état similaire aujourd'hui, le résultat de l'évolution de nos systèmes qui dépendent des glucides pour leur énergie, à mesure que la nourriture devient plus fiable, au lieu de la graisse, comme dans nos premiers jours d'existence ? Je réalise que cela ressemble beaucoup à un plaidoyer pour un régime paléo, mais si le mode de vie cétogène semble similaire, le principe sous-jacent du keto est très différent. La cétogénèse consiste à créer une synergie entre ce que vous mangez et la façon dont votre corps fonctionne. C'est pourquoi l'accent est mis sur une manipulation spécifique des macronutriments (graisses, protéines, glucides, fibres et fluides). Chaque calorie est composée de macronutriments spécifiques. Comprendre pourquoi vous faites des choix alimentaires aussi spécifiques est essentiel pour avoir une vue d'ensemble.

Les fibres, par exemple, nous permettent d'avoir une alimentation régulière, car elles facilitent le passage des aliments dans le système digestif. Ce qui entre doit sortir, et les fibres sont essentielles à ce processus. Les protéines contribuent à la réparation des tissus, à la production d'enzymes et à la construction des os, des muscles et de la peau. Les fluides nous maintiennent hydratés — sans eux, nos cellules, tissus et organes ne peuvent pas fonctionner correctement. Le rôle principal des glucides est de fournir de l'énergie, mais pour ce faire, le corps doit les convertir en glucose, ce qui a un effet d'entraînement sur le reste du corps. La consommation de glucides est un équilibre délicat pour les personnes atteintes de diabète en raison de sa relation avec la production d'insuline due à l'augmentation du taux de sucre dans le sang. Les graisses saines favorisent la croissance des cellules, protègent nos organes, nous aident à nous tenir au chaud et ont la capacité de fournir de l'énergie, mais seulement lorsque les glucides sont consommés en quantités limitées.

Glucides vs Glucides nets

Les glucides existent sous une forme ou une autre dans presque toutes les sources alimentaires. L'élimination totale des glucides est impossible et peu pratique. Nous avons besoin de certains glucides pour fonctionner. Il est important de le savoir si nous voulons comprendre pourquoi certains aliments qui font partie de la catégorie restreinte d'un régime cétonique sont de meilleurs choix que d'autres.

Les fibres comptent comme un glucide dans la décomposition nutritionnelle d'un repas. Ce qu'il est important de noter, c'est que les fibres n'affectent pas de manière significative notre taux de sucre dans le sang — une bonne chose, car c'est un macronutriment essentiel qui nous aide à digérer correctement les aliments. En soustrayant la quantité de fibres du nombre de glucides dans la valeur nutritive d'un ingrédient ou d'une recette, on obtient ce que l'on appelle les glucides nets.

Pensez à votre salaire avant impôts (brut), et après (net). Une terrible analogie, peut-être, puisque personne n'aime payer des impôts, mais une analogie efficace pour essayer de comprendre les glucides par rapport aux glucides nets et comment les suivre. Vous introduisez un certain nombre de glucides dans votre corps, mais ils n'ont pas tous une incidence sur votre taux de glycémie.

Cela ne signifie pas que vous pouvez devenir fou avec des pâtes complètes. Même si elles sont meilleures que les pâtes à la farine blanche, vous devriez limiter vos glucides nets à 20 ou 25 grammes par jour. Pour mettre les choses en perspective : deux grammes de pâtes complètes non cuites contiennent environ 35 grammes de glucides et seulement 7 grammes de fibres totales. Les pâtes et le pain sont probablement les deux principales choses que les gens vous demanderont si vous vous ennuyez. La meilleure façon d'y répondre est de partager toutes les choses que vous pouvez manger.

Combien de temps faut-il pour que la cétose s'installe ?

La plupart des gens passent à l'état de cétose en un à trois jours. Chez certaines personnes, cela peut prendre une semaine entière, car tous les corps sont différents. Les facteurs qui influent sur la rapidité avec laquelle vous entrez en cétose comprennent votre poids corporel actuel, votre régime alimentaire et votre niveau d'activité.

Pour entrer en cétose, votre corps doit d'abord brûler son approvisionnement en glycogène (glucose). Une fois que les glycogènes sont épuisés, votre corps signale qu'il est temps de commencer à décomposer ces acides gras. Au cours des jours suivants, le foie reçoit le message de commencer à excréter les cétones. Cette dernière partie du processus indique que vous êtes en cétose. Le stade précoce est une cétose légère, car les niveaux de cétones seront relativement faibles jusqu'à ce que vous mainteniez la cétose pendant une période de temps régulière. Vous pouvez mesurer les taux de cétones de manière formelle, mais vous pourriez commencer à remarquer certains changements physiologiques qui indiquent que vous êtes en cétose, comme la grippe ou l'haleine cétonique. Ces changements ne sont pas aussi graves ou dramatiques qu'ils le paraissent, et les avantages de la cétose peuvent l'emporter sur les inconvénients pendant cette période de transition vers les objectifs que vous vous êtes fixés, mais il est bon de se familiariser avec les symptômes.

Jeûne intermittent : qu'est-ce que cela signifie ?

Lorsque vous dites la phrase « Aujourd'hui, je vais jeûner », quelle est la première chose qui vous vient à l'esprit ? Laissez-moi deviner : est-ce « Mais je ne veux pas mourir de faim » ? Vous n'êtes pas le seul à avoir cette fausse idée, alors décomposons-la et rendons-la plus facile à digérer (jeu de mots très intentionnel !).

Le jeûne vs la famine

Le jeûne est un choix conscient. Ce qui distingue le jeûne de la famine, c'est que c'est une décision que l'on prend de ne pas manger intentionnellement. La durée et le but du jeûne (que ce soit pour des raisons religieuses, pour perdre du poids ou pour se désintoxiquer) ne vous sont pas imposés. Le jeûne se fait à volonté. Bien fait, le jeûne peut avoir des effets positifs sur notre santé en général.

La famine est provoquée involontairement par un ensemble de circonstances hors de leur contrôle, la famine, la pauvreté et la guerre n'étant que quelques-unes des raisons d'une situation aussi catastrophique. La famine est une grave carence en calories qui peut entraîner des dommages aux organes et finalement la mort. Personne ne choisit de mourir de faim.

Une fois que j'ai pensé à ne pas manger de ce point de vue, c'était parfaitement logique, et il m'a été tellement plus facile de me faire à cette idée. Oui, au début j'étais sceptique sur le jeûne aussi. Avant de comprendre qu'il y a une différence entre jeûner et mourir de faim, ma première réaction à l'idée de ne pas manger a toujours été : « Pourquoi quelqu'un choisirait-il de mourir de faim ? La réalité est que toute personne qui décide de jeûner ne fait que choisir de ne pas manger pendant une période de temps prédéterminée. Même les protestations pacifiques qui utilisent le jeûne comme un moyen d'arriver à une fin ont un but défini pour le jeûne.

Aurez-vous faim pendant le jeûne ?

Pour y répondre, mettons la question en perspective. La vérité est que nous jeûnons tous une fois par jour. Nous prenons souvent notre dernier repas quelques heures avant de nous coucher, et à l'exception des nouveau-nés qui allaitent, je ne vois personne qui mange au moment où il se réveille. Même si vous ne dormez en moyenne que six heures par nuit, il est probable que vous jeûnez déjà dix heures par jour. Ajoutons maintenant l'idée d'intermittence au mélange. Par « intermittent », on entend quelque chose qui n'est pas continu. Si l'on applique cette notion au jeûne, cela signifie que vous allongez la durée pendant laquelle vous ne mangez pas entre les repas (le mot « petit-déjeuner » signifie justement cela, rompre le jeûne).

Comme notre corps est déjà habitué à jeûner une fois par jour, le plus gros problème est que l'esprit est au-dessus de la matière. Revenons à la question de savoir si vous aurez faim. La première semaine peut être une période d'adaptation, car vous vous habituerez à la longue période de jeûne que vous vous êtes fixée. Pour vous aider à vous adapter, le plan de jeûne intermittent de 4 semaines intègre la partie jeûne de votre journée dans vos heures de sommeil. Il est tout à fait possible que votre corps commence à avoir faim à l'heure à laquelle vous êtes actuellement habitué à prendre votre petit-déjeuner s'il est midi, mais vous vous adapterez en quelques jours.

En prévision du changement que vous allez faire, essayez de repousser votre premier repas de la journée de trente minutes chaque jour pendant une semaine avant de commencer le plan de quatre semaines. De cette façon, lorsque vous commencerez l'horaire présenté, vous ne devrez ajuster le moment de votre dernier repas de la journée qu'une fois que vous aurez commencé la deuxième semaine du plan pour les repas de midi à 18 heures.

Pourquoi choisir le jeûne intermittent ?

Maintenant que nous avons clarifié ce que signifie réellement le jeûne et que vous réalisez que c'est un choix conscient de ne pas manger pendant un certain temps, vous vous demandez peut-être encore pourquoi vous en préoccuper ? La principale raison pour laquelle le jeûne intermittent a pris d'assaut le monde de l'alimentation est sa capacité à favoriser la perte de poids. Le métabolisme est souvent considéré comme une fonction du corps humain. En réalité, le métabolisme implique deux réactions essentielles : le catabolisme et l'anabolisme.

Le catabolisme est la partie du métabolisme où notre corps décompose les aliments que nous consommons. Pendant le catabolisme, des molécules complexes sont décomposées en unités plus petites qui libèrent de l'énergie. L'anabolisme utilise ensuite cette énergie pour entamer le processus de reconstruction et de réparation de notre corps, de croissance de nouvelles cellules et de maintien des tissus. Techniquement parlant, le catabolisme et l'anabolisme se produisent simultanément, mais le rythme auquel ils se produisent est différent. Un horaire de repas traditionnel, où nous passons la majorité de la journée à manger, signifie que notre corps a moins de temps à consacrer à la seconde phase, ou phase anabolique, du métabolisme. C'est un peu déroutant, peut-être, parce que les processus sont interdépendants, mais n'oubliez pas que les rythmes auxquels ils se produisent diffèrent. Ce qu'il faut retenir ici, c'est que le jeûne prolongé permet une efficacité maximale des processus métaboliques.

Un autre effet secondaire étonnant du jeûne, même pour une période intermittente comme le décrit ce livre, est la résurgence de l'acuité mentale. De nombreuses études montrent que, contrairement à la croyance populaire, le jeûne vous rend plus conscient et plus concentré, et non pas fatigué ou étourdi. Nombreuses sont celles qui mettent en avant l'évolution et notre capacité à survivre en tant qu'espèce : bien avant que la conservation des aliments ne soit possible, l'acuité mentale était nécessaire à tout moment pour que nous puissions vivre au jour le jour, quelle que soit l'abondance des ressources alimentaires.

La recherche scientifique se concentre sur la neurogenèse, la croissance et le développement du tissu nerveux dans le cerveau, qui s'accélère pendant les périodes de jeûne.

Tous les chemins mènent à une conclusion exceptionnellement importante lorsqu'il s'agit de jeûner : cela permet à votre corps de disposer de plus de temps pour faire le travail nécessaire en coulisse. Plus la période entre le dernier repas d'une journée et le premier repas de la journée suivante est longue, plus votre corps doit se concentrer sur la régénération cellulaire et la réparation des tissus à tous les niveaux.

Les liquides sont-ils autorisés pendant le jeûne ?

Il y a un dernier détail important à noter concernant le jeûne intermittent. Contrairement au jeûne religieux, qui restreint généralement la consommation de tout aliment ou liquide pendant la période de jeûne, le jeûne intermittent vous permet de consommer certains liquides. Techniquement parlant, dès que vous consommez quelque chose qui contient des calories, le jeûne est rompu. Si l'on considère le jeûne intermittent comme un moyen de perdre du poids, on peut appliquer des règles différentes.

Le bouillon d'os est recommandé pour reconstituer les vitamines et les minéraux, et pour maintenir le taux de sodium. Le café et le thé sont autorisés, de préférence sans lait ni crème ajoutés, et sans aucun édulcorant. Il existe deux écoles de pensée sur l'ajout de produits laitiers à votre café ou à votre thé. Pour autant qu'il ne s'agisse que d'un ajout riche en matières grasses, comme l'huile de noix de coco ou le beurre pour faire du café bulletproof, de nombreux défenseurs de la cétose pensent que c'est bien, car cela ne perturbe pas la cétose. L'ajout d'huile de MCT (triglycérides à chaîne moyenne) est censé augmenter le niveau d'énergie et vous donner une sensation de satiété. Les puristes se contentent de café ou de thé. Vous devriez faire ce qui vous convient le mieux, à condition que cela ne vous fasse pas sortir de la cétose.

N'oublions pas l'eau, car il est essentiel de bien s'hydrater pour adopter un mode de vie sain. La caféine peut être particulièrement épuisante, alors veillez à équilibrer votre consommation de café avec votre consommation d'eau.

La puissance de la combinaison jeûne intermittent - keto

Les avantages du jeûne intermittent et de l'adhésion à un régime cétogène devraient maintenant être évidents. Ce que vous n'avez peut-être pas encore compris, c'est le lien entre les deux. Lorsque vous êtes en cétose, ce processus de décomposition des acides gras pour produire des cétones pour le carburant est en fait ce que le corps fait pour se maintenir en vie lorsque vous jeûnez. Que signifie combiner les deux, et pourquoi s'embêter à mélanger ces modes de vie et d'alimentation ?

Le jeûne d'un à deux jours a un effet significatif sur l'alimentation traditionnelle, centrée sur les glucides. Après la phase initiale de combustion du glucose (c'est-à-dire des glucides) pour obtenir de l'énergie, votre corps passe naturellement à la combustion des graisses comme combustible.

Vous voyez où je veux en venir, n'est-ce pas ? S'il faut de vingt-quatre à quarante-huit heures à votre corps pour passer à la combustion des graisses comme combustible, imaginez les effets de la combinaison d'un jeûne intermittent et d'un keto. Le maintien d'un état constant de cétose signifie que votre corps brûle déjà des graisses pour se chauffer. Cela signifie que plus vous restez longtemps à jeun, plus vous brûlez de la graisse. Le jeûne intermittent combiné au cétose rend les effets de perte de poids du jeûne plus efficaces, entraînant souvent une perte de poids plus importante que les régimes traditionnels. Le temps prolongé entre votre dernier et votre premier repas de la journée signifie que votre corps est capable de brûler plus de graisses.

La cétose est souvent utilisée dans la musculation, car c'est un moyen sûr de perdre de la graisse sans perdre de muscle. La perte de poids n'est bonne que lorsqu'elle correspond au poids idéal, et nous avons tous besoin de masse musculaire pour rester en bonne santé.

Comment cela fonctionne-t-il ?

Le passage au régime cétogène est un énorme changement de mode de vie. Pour cette raison, il est préférable de passer à l'aspect jeûne intermittent de ce programme. Laissez votre corps s'adapter à une nouvelle façon de manger, à la combustion des graisses pour le carburant et aux éventuels effets secondaires (n'oubliez pas la possibilité de contracter la grippe Céto) avant d'intégrer le jeûne intermittent dans votre routine alimentaire ou, dans ce cas, dans votre période prolongée de non-alimentation. Notez que le jeûne intermittent n'est pas introduit avant la deuxième semaine du plan de quatre semaines.

Pendant la période d'introduction progressive, vous voudrez prendre note des heures de repas. Avant même d'intégrer la composante de jeûne intermittent du plan, votre dernier repas de la journée devrait être pris au plus tard à 18 heures. Cela vous facilitera la tâche pour jeûner et vous aidera à éviter les grignotages. L'un des effets du keto est qu'il entraîne votre corps — et, avouons-le, votre cerveau — à ne manger que lorsque vous avez faim. Au fil du temps, les envies de manger cessent. Nous confondons souvent les fringales avec la faim, alors que les véritables fringales sont un comportement appris, tandis que la faim est un appel physiologique à faire le plein d'énergie.

Planification de votre période de jeûne

La manière dont vous décidez d'intégrer votre temps de jeûne intermittent est un peu flexible. Avez-vous tendance à plonger la tête la première dans l'eau, ou plongez-vous les orteils en premier ? Le fait de connaître votre personnalité vous aidera à déterminer l'horaire qui vous convient le mieux.

Avant de commencer

La vision globale est la clé du succès à long terme dans toute situation. Cela est particulièrement vrai pour les changements majeurs de régime alimentaire et de mode de vie. Le keto intermittent jette par la fenêtre tout ce que vous pensiez savoir sur la façon de manger, sur ce qu'il faut manger et sur le moment où il faut manger. Il ne s'agit pas d'une décision sans lendemain, il est donc important de vous familiariser avec ce à quoi vous devez vous attendre, de savoir comment gérer les difficultés potentielles et comment réorganiser votre vie de manière à atteindre vos objectifs avant de vous lancer.

Définissez vos objectifs

Pourquoi avez-vous décidé d'essayer le keto intermittent ? Est-ce pour des raisons de santé ? Pour perdre du poids ? Cherchez-vous simplement à vous sentir mieux et à augmenter votre niveau d'énergie ? S'agit-il d'une désintoxication à court terme ou d'un changement de mode de vie à long terme ? Comment prévoyez-vous de surveiller vos macronutriments ? Prévoyez-vous de faire des tests de cétose pour vous assurer que vous avez atteint un état de cétose ? Êtes-vous végétarien ou végétalien ?

Ce sont toutes des questions importantes à prendre en compte avant de commencer, afin que vous puissiez rester concentré sur la réalisation de votre objectif. Les recherches suggèrent que le jeûne intermittent peut avoir de profonds avantages à long terme. Le verdict n'est pas encore rendu sur les avantages ou les risques potentiels de la mise en place d'un régime cétonique permanent. La rigidité du régime dicte également la durée pendant laquelle les gens y adhèrent.

La façon dont vous vous alimentez actuellement est également un élément important à prendre en considération lorsque vous entreprenez un régime cétogène, et vous devez comprendre l'ampleur du changement ou du défi que cela pourrait représenter. Le keto est un régime axé sur les graisses et les macronutriments, mais les protéines jouent un rôle important. Un manque de protéines peut entraîner une perte musculaire pendant la cétose. Une trop grande quantité peut vous faire sortir de la cétose. C'est un équilibre, et bien que la cétose ne soit pas un régime à haute teneur en protéines, la protéine par défaut est souvent la viande, parce que les alternatives protéiques à base de plantes généralement vantées sont trop riches en glucides par rapport à leur ratio de fibres et de protéines, en particulier les haricots, y compris le tofu (qui est fait à partir de soja).

Cela ne veut pas dire qu'il est impossible de rester végétarien sur le keto, surtout si vous êtes un ovo lactovégétarien (vous pouvez manger des œufs et des produits laitiers). Les sources de protéines non carnées qui ne sont pas des légumineuses comprennent les œufs, les noix et les graines, et le fromage. Les recettes de ce livre sont conçues pour un régime omnivore. La viande joue un rôle dans de nombreuses recettes. Vous devrez personnaliser votre plan de repas, en le complétant par des recettes provenant de sources extérieures. Le reste des informations contenues dans ce livre vous sera extrêmement utile, et cela vaut également pour les végétaliens. Si vous souhaitez faire un essai de cétose intermittente avec un régime végétalien, ce n'est pas impossible, mais cela nécessitera une planification encore plus minutieuse pour vous assurer de ne pas vous mettre à l'écart de la cétose en choisissant des sources de protéines trop riches en glucides. De nombreuses recettes de ce livre devront également être adaptées à vos besoins alimentaires.

Le test de cétose peut être effectué de trois manières : des bandelettes de test urinaire, un test de cétone sanguine (avec un appareil de mesure similaire à celui utilisé pour tester le taux de glucose dans le sang) et un test d'haleine (différent de l'haleine cétonique, qui est traitée séparément). Les analyses d'urine sont considérées comme les moins efficaces, mais elles sont les moins chères, les appareils de mesure du sang étant considérés comme les plus précis. Ils sont également, comme vous l'avez peut-être deviné, les plus coûteux.

La vraie question est de savoir si vous devez faire des tests de cétones. Si votre objectif est de perdre du poids, que votre poids diminue et que vous vous sentez bien (bien reposé et énergique) après les premières semaines, le test de cétose pourrait être un point discutable. La considération la plus importante lorsqu'il s'agit de compter les chiffres est de surveiller ce que vous mangez.

Macronutriments vs Calories : Lesquels faut-il compter ?

Le suivi de vos macronutriments est différent du comptage des calories. Dans le cas du keto, l'accent est mis sur le suivi de la quantité de graisses, de protéines et de glucides que vous consommez. Tous les macronutriments ont un nombre de calories spécifique :

1 gramme de graisse = 9 calories
1 gramme de protéines = 4 calories
1 gramme de glucides = 4 calories

Compter les macronutriments semble plus difficile que cela ne l'est. En réalité, il s'agit simplement d'examiner de plus près chaque calorie consommée. Il est encore nécessaire d'obtenir un taux métabolique de base, également appelé TMB, pour déterminer combien de calories vous devez consommer pour maintenir et perdre du poids (une autre raison pour laquelle il est important de définir vos objectifs).

Tous ces macronutriments jouent un rôle essentiel dans votre état de santé général et dans l'obtention et le maintien d'une cétose, mais les glucides sont ceux qui font l'objet de la plus grande attention, car ils produisent du glucose au cours du métabolisme, qui est la source d'énergie que vous essayez de détourner de votre corps. Certaines recherches montrent que la quantité totale de glucides qu'une personne peut consommer par jour en cas de cétose est de 50 grammes ou moins, ce qui, selon la teneur en fibres, donne 20 à 35 glucides nets par jour. Plus la quantité nette de glucides est faible, plus l'organisme se met rapidement en cétose et plus il est facile d'y rester.

En gardant à l'esprit que nous visons 20 grammes de glucides nets par jour, les grammes de graisses et de protéines sont variables en fonction de la quantité de calories que vous devez consommer selon votre TMB. La moyenne quotidienne recommandée pour les femmes varie entre 1 600 et 2 000 calories pour le maintien du poids selon le niveau d'activité (de sédentaire à actif). Le respect d'un plan quotidien de consommation de 160 grammes de gras + 70 grammes de protéines + 20 grammes de glucides correspond à 1 800 calories, soit la quantité idéale pour maintenir le poids chez les femmes modérément actives. Si vous avez un mode de vie sédentaire, c'est-à-dire si vous faites de l'exercice dans le cadre d'activités quotidiennes normales telles que le ménage et la marche sur de courtes distances uniquement, vous devriez viser 130 grammes de gras + 60 grammes de protéines + 20 grammes de glucides pour amorcer la perte de poids (1 500 calories). Il existe de nombreux calculateurs en ligne pour calculer votre TMB et votre objectif calorique global, et pour déterminer le bon ratio de graisses et de protéines, tout en gardant un apport net de glucides de 20 grammes par jour.

En parlant de calculatrices et de chiffres de suivi, vous trouverez peut-être utile d'établir une méthode de suivi de vos macronutriments à partir des recettes de ce livre pour vous aider à personnaliser votre propre menu. Cela peut être aussi simple que de l'écrire dans un carnet et de faire le calcul, mais cela peut prendre plus de temps. Les applications pour votre téléphone ne manquent pas pour faciliter le suivi des macronutriments.

Les effets secondaires physiques du keto

Contrairement aux régimes qui se contentent de limiter les aliments que vous mangez pour perdre du poids, le keto va plus loin. La cétose consiste à modifier la façon dont vous mangez pour changer la façon dont votre corps convertit ce que vous mangez en énergie. Le processus de cétose fait basculer l'équation de la combustion du glucose (rappelez-vous, les glucides) à la combustion des graisses pour obtenir du carburant. Cela s'accompagne d'éventuels effets secondaires lorsque votre corps s'adapte à un nouveau mode de fonctionnement. C'est aussi la raison pour laquelle le plan de 4 semaines prévoit ici un jeûne intermittent pendant la deuxième semaine, et non pas dès le départ. Il est important de se donner le temps, tant physiquement que mentalement, de faire une bonne transition. Les deux changements physiques que vous pouvez constater lors de la transition vers un régime cétonique sont la grippe cétonique et l'haleine cétonique.

Grippe Céto

La grippe Céto, parfois appelée « grippe aux glucides », peut durer de quelques jours à quelques semaines. Les changements métaboliques qui se produisent à l'intérieur de l'organisme lorsque celui-ci se sèvre de la combustion du glucose pour obtenir de l'énergie peuvent entraîner des sentiments accrus de léthargie, d'irritabilité, de douleurs musculaires, de vertiges ou de brouillard cérébral, des modifications des selles, des nausées, des maux d'estomac et des difficultés à se concentrer. Je sais, cela semble terrible, et probablement vaguement familier. Oui, ce sont tous des symptômes courants de la grippe, d'où son nom.

La bonne nouvelle, c'est qu'il s'agit d'une phase temporaire pendant que votre corps s'adapte, et qu'elle n'affecte pas tout le monde. Les facteurs qui provoquent ces symptômes sont notamment un déséquilibre des électrolytes (sodium, potassium, magnésium et calcium) et le manque de sucre dû à la diminution significative de la consommation de glucides. Si vous vous attendez à ces symptômes possibles, vous pouvez être prêt à les atténuer et à réduire la durée de la grippe Céto, si jamais elle se déclare.

Les niveaux de sodium sont directement affectés par la quantité d'aliments hautement transformés que vous consommez. Pour clarifier les choses, tout ce que nous mangeons est techniquement un aliment transformé ; le terme signifie « une série d'étapes effectuées pour atteindre un but particulier ». Même cuisiner à la maison en partant de zéro nécessite de transformer les aliments. Cependant, dans notre culture actuelle, où les aliments prêts à consommer se trouvent à chaque coin de rue du supermarché, ces aliments hautement transformés ont tendance à contenir des niveaux exorbitants de sel caché (le sodium est un conservateur ainsi qu'un exhausteur de goût).

L'adhésion à un régime cétonique est plus efficace lorsque vous faites la cuisine proprement dite, et vous pouvez contrôler le nombre de glucides et la quantité de sucres dans un plat. La cuisine domestique a tendance à être moins transformée, ce qui peut également entraîner une réduction du sodium. Augmenter la quantité de sel dans vos aliments et boire un bouillon fait maison comme le bouillon d'os ici sont des moyens faciles et naturels d'augmenter votre taux de sodium.

Vous trouverez ci-dessous d'autres aliments à privilégier pendant votre période de cétose. Ils sont naturellement riches en magnésium, potassium et calcium pour aider à maintenir l'équilibre de vos électrolytes.

Magnésium (aide en cas de douleurs musculaires et de crampes aux jambes) : Avocats, brocolis, poissons, choux frisés, amandes, graines de courge, épinards

Potassium (aide en cas de douleurs musculaires, hydratation) : Asperges, avocats, choux de Bruxelles, saumon, tomates, légumes à feuilles

Calcium (particulièrement important si vous étiez un grand buveur de lait avant l'arrivée du lait) : Amandes, bok choy, brocolis, fromage, chou vert, épinards, sardines, graines de sésame et de chia

Une autre façon de réduire les risques de contracter la grippe Céto est de commencer à diminuer lentement votre consommation de glucides quelques semaines avant de commencer le plan de 4 semaines. Cela peut être aussi simple que d'échanger votre muffin du matin contre un œuf dur ou brouillé, de sauter le petit pain et d'envelopper votre hamburger dans de la laitue (souvent appelée protéinée lors de la commande), ou d'échanger les spaghettis contre des zoodles. Ainsi, lorsque vous vous plongerez dans le plan ici ou là, vous aurez davantage l'impression de suivre une progression naturelle en mangeant moins de glucides qu'un virage à droite prononcé dans votre régime.

Haleine keto

Allons droit au but. La mauvaise haleine pue, littéralement, mais c'est une chose à laquelle vous devez vous préparer lorsque vous passez au keto. Il y a deux raisons pour lesquelles cela se produit.

Lorsque votre corps entre en cétose et commence à libérer des cétones (un sous-produit de la combustion des graisses comme combustible), une des cétones libérées est l'acétone (oui, le même solvant que l'on trouve dans les dissolvants pour vernis à ongles et les diluants pour peinture). L'acétone est excrétée par l'urine et par l'haleine dans la tentative du corps de terminer le processus métabolique de décomposition de ces acides gras. Cela peut entraîner une haleine malodorante.

Les protéines peuvent également contribuer à la formation de l'haleine. N'oubliez pas que l'objectif en matière de macronutriments est d'avoir une teneur élevée en graisses, une teneur modérée en protéines et une faible teneur en glucides. Les gens pensent souvent qu'une teneur élevée en matières grasses est interchangeable avec une teneur élevée en protéines. C'est loin d'être vrai. L'organisme digère différemment les graisses et les protéines. Notre corps produit de l'ammoniac lors de la décomposition des protéines et le libère généralement lors de la production d'urine. Si vous mangez plus de protéines que vous n'en avez besoin, la quantité indigeste reste dans votre système intestinal, où elle fermente, produisant de l'ammoniac, qui est ensuite libéré par votre respiration.

L'avantage, c'est que l'haleine est un bon indicateur de la cétose de votre corps. La durée de l'odeur varie en fonction de l'adaptation de votre corps à la cétose. De nombreuses sources indiquent qu'elle dure entre une semaine et un peu moins d'un mois. Une analyse plus approfondie des forums de discussion et des groupes de discussion montre que l'odeur peut persister pendant des mois, alors que certaines personnes disent ne jamais en avoir souffert. Certaines solutions pour éviter ou réduire l'haleine cétonique consistent à toujours être armé d'un chewing-gum sans sucre, à réduire l'apport en protéines, à s'assurer de suivre une bonne routine dentaire (brossage et fil dentaire) et à suivre les conseils mentionnés plus haut sur la réduction progressive de l'apport en glucides avant de se lancer à fond dans le plan de 4 semaines.

Sommeil et Exercice

Tout mode de vie sain comprend un sommeil adéquat et une activité modérée. Les mêmes conseils doivent être pris en compte pour définir vos objectifs et déterminer comment ces deux éléments s'intègrent dans votre vie quotidienne. Une fois que vous avez intégré le jeûne intermittent dans votre plan, ces heures de sommeil deviennent encore plus nécessaires puisqu'elles font partie de votre temps de jeûne. Évitez les envies de grignoter la nuit en vous couchant à une heure raisonnable.

L'entraînement aux poids est une priorité pour les adeptes du keto, et il est certainement important lorsque vous êtes en mode de maintenance. Lorsqu'il s'agit de perdre du poids, les séances d'entraînement cardio sont les plus bénéfiques pour brûler les graisses. Assurez-vous de consulter votre médecin avant de faire des changements majeurs si vous avez des problèmes de santé sous-jacents.

Parlez-en à vos amis et à vos proches

Mentionnez le mot « régime » et vous constaterez que la plupart des gens ont des opinions bien arrêtées qui augmentent en intensité avec certains régimes. Chacun a droit à ses opinions, et le partage d'expériences similaires est parfois utile lorsque vous cherchez de l'inspiration ou de la motivation. Ce qui n'est pas bénéfique, c'est lorsque les gens disent : « Vous avez l'air bien comme vous êtes » ou « Je ne pourrais jamais renoncer aux glucides » ou, pire encore, « Vous allez vous affamer !

Tout navire a besoin d'un timonier, alors considérez-vous comme le timonier de votre corps. Vos amis et votre famille devraient être là pour vous soutenir pendant ce voyage, alors donnez-leur les informations nécessaires pour le faire. Faites-leur savoir pourquoi vous faites le changement si vous êtes à l'aise pour en parler. Au moins, expliquez-leur les principes qui expliquent pourquoi le jeûne intermittent et le keto fonctionnent vraiment bien pour certaines personnes. Souvent, les gens sont simplement confus par ce qu'ils ne savent pas, et ils ne prennent pas le temps de chercher des réponses. Vous pouvez même leur donner un exemplaire de ce livre s'ils veulent approfondir leur régime. Vous ne savez jamais si vous allez donner envie à quelqu'un d'essayer aussi le keto intermittent, et vous aurez alors un copain pour suivre les progrès, fixer des objectifs avec lui et vous motiver mutuellement.

Partager votre décision de faire du keto est également un bon moyen d'éviter de vous présenter au dîner d'un ami et de découvrir qu'il ne sert que des pâtes. Dans de telles circonstances, vous devriez vous porter volontaire pour apporter un cours à partager qui soit également convivial pour vous. De cette façon, vous réduirez le stress que votre hôte pourrait ressentir en cuisinant pour vous, et vous pourrez découvrir certains des aliments étonnants que vous pouvez manger en Céto !

Certains penseront qu'ils savent mieux que d'autres ou insisteront sur le fait qu'il n'y a pas de mal à tricher ici et là. Peut-être que cela fonctionne pour d'autres régimes, mais vous pouvez facilement vous sortir de la cétose en consommant trop de glucides. Soyez un bon défenseur de vous-même et n'ayez pas peur de dire non merci. Les personnes qui se soucient de vous respecteront le dur labeur que vous faites pour développer un mode de vie plus sain pour vous et n'essaieront pas de vous tenter.

Il est évident que vous devez aussi garder à l'esprit votre programme de jeûne intermittent lorsque vous faites des projets. Le plan de 4 semaines a été conçu pour vous permettre de vous libérer du jeûne intermittent du dimanche matin, en gardant à l'esprit que c'est un moment populaire pour se réunir entre amis et que le brunch est très facile à respecter dans le cadre du régime alimentaire.

Comment rester en cétose et que se passe-t-il si vous en sortez ?

Une fois que vous êtes en cétose, il vous appartient de décider combien de temps vous souhaitez la maintenir après avoir terminé le plan de 4 semaines. Votre objectif était-il simplement de réduire votre taille de robe ? Un mois peut suffire. Essayiez-vous de vous débarrasser du sucre ou de réduire votre consommation globale de glucides ? Peut-être qu'un peu plus de temps pourrait vous aider à établir des habitudes alimentaires à long terme, même après avoir décidé d'augmenter votre consommation totale de glucides au-delà des 20 grammes par jour alloués dans le plan de 4 semaines. Techniquement, tout ce qui contient moins de 50 grammes de glucides (globalement, pas les glucides nets) aide votre corps à brûler les graisses. Ainsi, même une augmentation mineure des glucides peut offrir un léger avantage en termes de cétose, même si vous pouvez reprendre quelques kilos que vous avez perdus au départ.

Soyez prêt à apprendre les courbes et les pièges possibles. Il est possible de se débarrasser de la cétose si vous mangez trop de protéines, trop de glucides ou si vous ne faites pas assez d'exercice. Une simple erreur, ou le simple fait de céder à une envie, comme celle de manger une patate douce, peut vous remettre en mode de combustion du glucose.

Si le keto semble strict, c'est qu'il l'est. S'engager dans la cétose et la maintenir est un engagement — c'est pourquoi nous avons parlé de définir vos objectifs dès le départ. Même si cela peut sembler désastreux ou frustrant après tout le travail que vous avez accompli, ne vous en voulez pas. Concentrez-vous sur vos objectifs futurs et sur votre retour à l'état de cétose. Ne prolongez pas la tricherie en pensant : « Oh, eh bien, le mal est fait ». Au contraire, jeûner après une journée de tricherie est un moyen de se remettre sur les rails, en gardant à l'esprit qu'il faudra d'abord brûler à nouveau ce glucose.

La tenue d'un journal de bord, en général, est un excellent moyen de suivre plus que les calories. Commencez à noter comment vous vous sentez physiquement et quelles sont vos perspectives mentales. Un simple système de notation numérique vous aide à comprendre si vous faites des progrès, si vous maintenez le statut actuel ou si vous n'atteignez pas vos objectifs. Des notes détaillées peuvent vous aider à identifier des raisons plus directes liées à votre journée de triche afin de mieux planifier votre avenir. En fait, il se peut que vous souhaitiez noter les jours où vous avez triché afin de pouvoir vous y attendre, plutôt que de vous en vouloir de les avoir. Si vous savez que le mariage de votre meilleur ami approche et que vous voulez participer à 100 % aux festivités, y compris à la nourriture et aux boissons, planifiez cela. Bien que vous ne puissiez pas vous contenter d'actionner un interrupteur pour vous remettre en cétose, vous saurez à quoi vous attendre et, espérons-le, vous vous remettrez sur les rails plus rapidement que la première fois. Il convient également de mentionner que vous ne devez pas compter sur un trop grand nombre de jours de tricherie. Là encore, il s'agit de définir vos objectifs.

Connaissez les aliments à apprécier et à éviter

Il est si facile de penser à ce que l'on ne peut pas manger sur un keto, mais il est beaucoup plus amusant de se concentrer sur toutes les choses que l'on peut apprécier. Voici une liste que vous pouvez consulter lorsque vous avez besoin d'inspiration.

Viandes et produits d'origine animale : Concentrez-vous sur les coupes grasses de viande et de fruits de mer pêchés dans la nature ou sur pâturages, en évitant autant que possible les viandes d'animaux d'élevage et les viandes transformées. Et n'oubliez pas les abats d'organes !

- Bœuf
- Poulet
- Œufs
- Chèvre
- Agneau
- Porc
- Lapin
- Dinde
- Venaison
- Crustacés
- Saumon
- Maquereau
- Thon
- Flétan
- Morue
- Gélatine
- Viande organique

Gras sains : Les meilleurs gras à consommer dans le régime cétogène sont les graisses mono-insaturées et polyinsaturées, bien qu'il y ait beaucoup de graisses saturées et saines. Au risque de ressembler à un enregistreur brisé, évitez les gras trans. Peut-être qu'« éviter » n'est pas un mot approprié. Fuir pourrait être mieux. Fuyez les gras trans comme la peste. Assez dit.

- Beurre
- Graisse de poulet
- Huile de noix de coco
- Graisse de canard
- Ghee
- Saindoux
- Suif
- Huile d'avocat
- Huile d'olive extra-vierge
- Beurre de coco
- Lait de coco

Légumes : Les légumes frais sont riches en nutriments et faibles en calories, ce qui en fait un excellent complément à tout régime alimentaire. Avec le régime cétogène, cependant, vous devez faire attention aux glucides, alors tenez-vous-en aux légumes-feuilles et aux légumes à faible indice glycémique plutôt qu'aux légumes racines et autres légumes féculents. J'ai classé les avocats dans cette section, car certains d'entre nous le reconnaissent peut-être comme un légume, même s'il s'agit en réalité d'un fruit.

- Artichauts
- Asperges
- Avocat
- Poivrons
- Brocoli
- Chou
- Chou-fleur
- Concombre
- Céleri
- Salade
- Okra ou doigts de femme
- Radis
- Algues
- Épinard
- Tomates
- Cresson
- Zucchini

Produits laitiers : Si vous êtes capable de tolérer les produits laitiers, vous pouvez inclure des produits laitiers gras, non pasteurisés et crus dans votre alimentation.

N'oubliez pas que certaines marques contiennent beaucoup de sucre, ce qui pourrait augmenter la teneur en glucides. Faites donc attention aux étiquettes nutritionnelles et modérez votre consommation de ces produits. Si possible, optez pour les versions complètes, car elles auront moins de chance que le sucre soit utilisé pour remplacer la graisse.

- kéfir
- Fromage blanc
- Fromage à la crème
- Fromage cheddar
- Fromage brie
- Fromage mozzarella
- Fromage suisse
- Crème fraîche
- Yaourt entier
- Crème épaisse

Herbes et épices : Les herbes fraîches et les épices séchées sont un excellent moyen de donner du goût à vos aliments sans ajouter un nombre important de calories ou de glucides.

- Basilic
- Poivre noir
- Cayenne
- Cardamome
- Poudre de chili
- Coriandre
- Cannelle
- Cumin
- Poudre de curry
- Gingembre
- Ail
- Noix de muscade
- Origan
- Oignon
- Paprika
- Persil
- Romarin
- Sel
- Sauge
- Thym
- Safran des Indes

- Poivre blanc

Boissons : Vous devriez éviter toutes les boissons sucrées dans votre régime cétogène, mais vous pouvez toujours prendre certaines boissons pour ajouter un peu plus de variété à votre choix de liquides en plus de la bonne vieille eau.

- Lait d'amande non sucré
- Bouillon d'os
- Lait de cajou non sucré
- Lait de coco
- Café
- Thé aux herbes
- Eau minérale
- L'eau de Seltz
- Thé

Voici une liste des principaux aliments que vous devrez éviter lors d'un régime cétogène.

- Farine tout usage
- Farine de blé
- Farine à pâtisserie
- Farine à gâteau
- Céréales
- Pâtes
- Riz
- Blé
- Produits de boulangerie
- Sirop de maïs
- Barre de céréales
- Quinoa
- Sarrasin
- Orge
- Oranges
- Couscous
- Avoine
- Muesli
- Margarine
- Huile de canola
- Huiles hydrogénées
- Haricots noirs
- Bananes

- Mangues
- Ananas
- Patates
- Pommes
- Patates douces
- Pois chiches
- Riz brun
- Bonbons
- Chocolat au lait
- Crème glacée
- Boissons sportives
- Cocktail de jus
- Soda
- Bière
- Lait
- Produits laitiers faibles en gras
- Sucre blanc
- Sirop d'érable

Quand et comment s'arrêter

Keto est strict sur ce que vous pouvez et ne pouvez pas manger. Ajoutez à cela un jeûne intermittent et vous limitez encore plus les moments où vous pouvez manger. Avant de vous lancer dans votre plan de 4 semaines, c'est le moment de discuter de la durée de votre jeûne intermittent. Actuellement, il n'y a pas assez de recherches pour tirer des conclusions sur l'efficacité à long terme du keto du point de vue de la santé, mais la vérité est que vous combattez l'instinct naturel de votre corps à se nourrir de glucose. Même si nous avons évolué en partant du principe que la graisse est un carburant, les temps ont changé et, parallèlement, notre corps aussi, pour le meilleur ou pour le pire.

Bien que les recherches fournissant des théories concrètes sur le fonctionnement du régime cétogène (en plus de celles liées aux problèmes médicaux sous-jacents) fassent défaut, de nombreuses personnes ont tendance à utiliser le régime cétogène quelques fois par an pendant une période prolongée — de quelques semaines à quelques mois — en faisant une pause entre les deux, tout en restant attentive à la consommation globale de glucides.

Lorsque vous sentez que vous avez atteint la fin de votre régime keto ou que vous souhaitez simplement faire une pause d'une durée supérieure à celle d'une tricherie, vous devez le faire de manière significative et méthodique. Rappelez-vous qu'il a fallu du temps à votre corps pour s'adapter à la cétose. Il en va de même pour le retour à un régime alimentaire plus riche en glucides, ce qui vous permettra de recommencer à brûler du glucose pour obtenir de l'énergie. Cela s'applique même si votre plan consiste à suivre un régime à plus faible teneur en glucides que celui que vous suiviez avant de commencer à faire de l'exercice.

Les choses à garder à l'esprit lorsque vous décidez d'arrêter la Céto sont les suivantes

Allez-y lentement, en introduisant un peu plus de glucides à la fois.

Attendez-vous à une certaine prise de poids. La quantité dépend de la durée de la Céto. Les premières semaines de la perte de poids par Céto ont tendance à être des semaines d'eau. Si vous êtes sous Céto depuis un certain temps, la prise de poids devrait être moindre, à condition de ne pas trop consommer de glucides et de sucre.

Familiarisez-vous à nouveau avec les tailles de portions saines, en ajustant la qualité des graisses et des protéines en conséquence.

PARTIE II : PLANS DE REPAS

Le week-end qui précède

Samedi : Nettoyez le garde-manger. Faites des listes de courses.

Dimanche : Faites vos courses — restez dans le périmètre ; tous les articles transformés sont rangés. Préparez la nourriture pour la semaine à venir.

Plan de 4 semaines - Repas de midi à 18 h seulement

Ce plan permet de passer un jour par semaine sans jeûner. Il prévoit que vous puissiez profiter d'un brunch dominical avec des amis (uniquement des aliments à base de Céto). Si vous le souhaitez, vous pouvez omettre le petit-déjeuner pour vous en tenir à votre routine de jeûne. Veillez simplement à inclure une collation à midi pour vous assurer de consommer les macronutriments nécessaires.

Semaine 1	Lundi	Mardi	Mercredi	Jeudi	Vendredi	Samedi	Dimanche
Matin	keto	keto	keto	keto	keto	keto	keto
Midi	keto	keto	keto	keto	keto	keto	keto
Avant 18 h	keto	keto	keto	keto	keto	keto	keto

Semaine 2	Lundi	Mardi	Mercredi	Jeudi	Vendredi	Samedi	Dimanche
Matin	jeûne	jeûne	jeûne	jeûne	jeûne	jeûne	keto
Midi	keto	keto	keto	keto	keto	keto	keto
Collation	keto	keto	keto	keto	keto	keto	aucune
Avant 18 h	keto	keto	keto	keto	keto	keto	keto

Semaine 3	Lundi	Mardi	Mercredi	Jeudi	Vendredi	Samedi	Dimanche
Matin	jeûne	jeûne	jeûne	jeûne	jeûne	jeûne	keto
Midi	keto	keto	keto	keto	keto	keto	keto
Collation	keto	keto	keto	keto	keto	keto	aucune
Avant 18 h	keto	keto	keto	keto	keto	keto	keto

Semaine 4	Lundi	Mardi	Mercredi	Jeudi	Vendredi	Samedi	Dimanche
Matin	jeûne	jeûne	jeûne	jeûne	jeûne	jeûne	keto
Midi	keto	keto	keto	keto	keto	keto	keto
Collation	keto	keto	keto	keto	keto	keto	aucune
Avant 18 h	keto	keto	keto	keto	keto	keto	keto

Plan de 4 semaines — Jeûne intermittent alterné

Semaine 1							
	Lundi	**Mardi**	**Mercredi**	**Jeudi**	**Vendredi**	**Samedi**	**Dimanche**
Matin	keto	keto	keto	keto	keto	keto	keto
Midi	keto	keto	keto	keto	keto	keto	keto
Avant 18 h	keto	keto	keto	keto	keto	keto	keto

Semaine 2							
	Lundi	**Mardi**	**Mercredi**	**Jeudi**	**Vendredi**	**Samedi**	**Dimanche**
Matin	keto	keto	jeûne	keto	jeûne	keto	keto
Midi	keto	keto	keto	keto	keto	keto	keto
Avant 18 h	jeûne	jeûne	keto	jeûne	keto	keto	jeûne

Semaine 3							
	Lundi	**Mardi**	**Mercredi**	**Jeudi**	**Vendredi**	**Samedi**	**Dimanche**
Matin	jeûne	keto	jeûne	keto	jeûne	keto	keto
Midi	keto	keto	keto	keto	keto	keto	keto
Avant 18 h	keto	jeûne	keto	jeûne	keto	keto	jeûne

Semaine 4							
	Lundi	**Mardi**	**Mercredi**	**Jeudi**	**Vendredi**	**Samedi**	**Dimanche**
Matin	jeûne	keto	jeûne	keto	jeûne	keto	keto
Midi	keto	keto	keto	keto	keto	keto	keto
Avant 18 h	keto	jeûne	keto	jeûne	keto	keto	jeûne

PARTIE III : RECETTES

Les livres de cuisine sont généralement divisés en catégories traditionnelles : petit-déjeuner, déjeuner, dîner, et desserts et collations. Vous trouverez les recettes ainsi établies pour vous familiariser avec ces catégories.

Puisque le keto consiste à se concentrer sur les macronutriments, ce qui compte vraiment, c'est de manger les bons ratios de graisses, de protéines et de glucides. En gardant cela à l'esprit, n'hésitez pas à échanger votre petit-déjeuner contre un déjeuner, un déjeuner contre un dîner, ou même un dîner contre un petit-déjeuner. Suivez simplement vos macros pour vous assurer que vous n'en mangez pas trop.

PETIT-DÉJEUNER

Flocons d'avoine aux noix de pécan

Rendement : 1 portion

Il s'agit d'une bouillie de petit-déjeuner consistante pour les matins froids où vous avez envie d'un bol de gruau fumant, mais ne voulez pas la surcharge de glucides.

Ingrédients

- ½ tasse de lait de coco ou d'amande
- 2 cuillères à café de graines de chia
- 2 cuillères à soupe de farine d'amandes
- 1 cuillère à soupe de farine de lin
- 2 cuillères à soupe de cœurs de chanvre
- ¼ cuillère à café de cannelle moulue
- ¼ cuillère à café d'extrait de vanille pure
- 1 cuillerée à soupe de noix de pécan, grillées et hachées
- 1 cuillère à soupe de flocons de noix de coco

Préparation

1. Dans un petit pot, mélangez le lait, les graines de chia, la farine d'amandes, la farine de lin, les cœurs de chanvre, la cannelle et la vanille.

2. Faites cuire à feu doux, en remuant constamment jusqu'à ce que le mélange épaississe, environ 5 minutes.

3. Mettez dans un bol, garnissez avec les noix de pécan et les flocons de noix de coco, et dégustez immédiatement.

Informations nutritionnelles par portion

312 calories ; 25 g de matières grasses ; 13,4 g de protéines ; 7 g de glucides ; 5 g de fibres ; 2 g de glucides nets

Muffins au bacon, aux œufs et au fromage

Rendement : 6 portions

Ingrédients

- 6 tranches de bacon
- 8 œufs
- ¼ tasse de crème épaisse
- Sel et poivre noir fraîchement moulu selon le goût
- 85 g de fromage cheddar râpé

Préparation

1. Préchauffez le four à 190 °C. Graissez généreusement le fond et les côtés d'un moule à muffins de 6 tasses (le beurre ramolli est le meilleur choix).

2. Ajoutez le bacon dans une poêle froide et placez-le sur un feu moyen vif.

3. Faites cuire jusqu'à ce qu'il soit croustillant de partout, en le retournant une fois.

4. Placez-le dans une assiette recouverte de papier essuie-tout. Émietter le bacon en morceaux.

5. Dans un bol profond, fouettez les œufs, la crème, le sel et le poivre.

6. Saupoudrez une quantité égale de fromage et de bacon dans chaque tasse du moule préparé.

7. Versez une quantité égale de mélange d'œufs sur la garniture.

8. Faites cuire 20 à 25 minutes, jusqu'à ce que les œufs gonflent et soient légèrement dorés.

Informations nutritionnelles par portion

303 calories ; 26 g de matières grasses ; 15 g de protéines ; 1,5 g de glucides ; 0 g de fibres ; 1,5 g de glucides nets

Œufs aux avocats et au fromage

Rendement : 2 portions

Ingrédients

- 2 œufs
- 60 g de fromage cheddar, râpé
- 2 cuillères à café de crème épaisse
- 1 cuillère à café de ciboulette fraîche hachée
- Sel et poivre noir fraîchement moulu selon le goût
- 1 avocat, coupé en deux et dénoyauté

Préparation

1. Préchauffez le four à 220 °C.

2. Dans un bol moyen, mélangez les œufs, le cheddar, la crème, la moitié de la ciboulette, le sel et le poivre. Fouettez avec une fourchette jusqu'à ce que le tout soit bien mélangé.

3. Placez les avocats dans un petit plat de cuisson à bords, côté coupé vers le haut. Versez la garniture aux œufs au centre de chaque avocat.

4. Faites cuire 12 minutes, jusqu'à ce que la garniture soit légèrement dorée sur le dessus.

5. Servez chaud, garni du reste de ciboulette.

Informations nutritionnelles par portion

257 calories ; 22 g de matières grasses ; 13 g de protéines ; 1,3 g de glucides ; 0 g de fibres ; 1,3 g de glucides nets

Crêpes aux myrtilles et aux amandes

Rendement : 10 portions

Outre l'absence de grains, ces crêpes sont différentes des crêpes habituelles d'une autre manière : vous couvrez la poêle avec un couvercle pendant la cuisson pour vous assurer qu'elles cuisent bien au centre.

Ingrédients

- 4 cuillères à soupe de beurre
- 2 gros œufs
- ¼ tasse de lait d'amande
- ¼ cuillère à café d'extrait de vanille pure
- ¾ tasse de farine d'amandes
- 1 cuillère à soupe de farine de lin
- 1 cuillère à café de levure chimique
- 1 sachet de poudre de stévia
- ¼ cuillère à café de sel
- ¾ tasse de myrtilles, congelées ou fraîches
- Beurre, pour cuire les crêpes

Préparation

1. Dans un petit bol, fouettez le beurre, les œufs, le lait d'amande et la vanille. Ajoutez en fouettant la farine, la farine de lin, la levure chimique, le stévia et le sel jusqu'à ce que le tout soit bien mélangé. Ajoutez les myrtilles.

2. Faites chauffer une poêle antiadhésive à feu moyen. Elle est prête à l'emploi lorsque quelques gouttes d'eau dansent à la surface. Faites fondre une noisette de beurre dans la poêle.

3. Déposez quelques tasses de pâte dans la poêle, en les étalant en cercles fins (elles vont gonfler). Couvrez la poêle avec un couvercle et faites cuire 1 à 2 minutes jusqu'à ce que des bulles d'air apparaissent sur le dessus et que la pâte semble un peu sèche. Retournez-la et faites-la cuire jusqu'à ce qu'elle soit bien cuite et dorée en dessous, environ 2 minutes de plus. Servez chaud.

Informations nutritionnelles par portion

114 calories ; 10 g de matières grasses ; 3,9 g de protéines ; 3,9 g de glucides ; 1,4 g de fibres ; 2,5 g de glucides nets

Crapaud dans son trou

Rendement : 2 portions

Ingrédients

- 4 saucisses de porc
- ⅓ de tasse de farine d'amande blanchie
- 3 cuillères à soupe de marante
- 6 cuillères à soupe de lait d'amande
- ¼ tasse de crème épaisse
- 1 œuf
- ¼ cuillère à café de sel

Préparation

1. Placez une poêle en fonte sur la grille centrale du four. Préchauffez le four à 200 °C.

2. Ajoutez les saucisses dans la poêle. Faites cuire, en les retournant une fois, jusqu'à ce qu'elles soient bien dorées, de 12 à 15 minutes.

3. Entre-temps, dans un bol moyen, mélangez la farine d'amande, la marante, le lait d'amande, la crème, l'œuf et le sel. Fouettez jusqu'à ce que le tout soit bien mélangé.

4. Une fois que les saucisses sont bien dorées, versez la pâte dans la poêle chaude. Remettez la poêle au four, et faites cuire jusqu'à ce qu'elle soit gonflée et dorée, 20 à 25 minutes.

5. Servez immédiatement.

Informations nutritionnelles par portion

376 calories ; 28 g de matières grasses ; 16,3 g de protéines ; 16,2 g de glucides ; 2,4 g de fibres ; 13,8 g de glucides nets

Milk-shake aux baies

Rendement : 1 portion

Ingrédients

- ¼ tasse de baies congelées
- ½ tasse de crème épaisse
- ½ tasse de lait de coco ou d'amande
- 1 cuillère à soupe de beurre d'amande
- ½ cuillère à café de jus de citron fraîchement pressé

Préparation

1. Ajoutez tous les ingrédients dans le bol d'un mixeur.

2. Mixez jusqu'à l'obtention d'un mélange lisse.

3. Servez immédiatement.

Informations nutritionnelles par portion

900 calories ; 80 g de matières grasses ; 10 g de protéines ; 18 g de glucides ; 5 g de fibres ; 13 g de glucides nets

Omelette aux épinards et aux champignons

Rendement : 2 portions

Ingrédients

- 2 cuillères à café d'huile d'olive vierge
- 85 g de champignons de Paris blancs, tranchés
- 2 tasses de jeunes épinards
- Sel au goût
- Une poignée de persil frais, haché
- 6 gros œufs, légèrement battus
- 115 g de fromage cheddar râpé

Préparation

1. Ajoutez dans une poêle antiadhésive, faites chauffer 1 cuillère à café d'huile à feu moyen vif jusqu'à ce qu'elle devienne brillante.

2. Ajoutez les champignons. Faites cuire, en secouant la poêle plusieurs fois, jusqu'à ce que les champignons soient dorés, 3 à 4 minutes.

3. Ajoutez les épinards et assaisonnez avec du sel. Faites cuire jusqu'à ce qu'ils soient juste fanés, 1 à 2 minutes. Transférez les légumes dans un bol. Ajoutez le persil et mettez de côté.

4. Faites chauffer le reste d'huile dans la même poêle. Assaisonnez les œufs avec du sel et versez dans la poêle. Faites cuire, sans toucher aux œufs, jusqu'à ce que les bords soient pris.

5. À l'aide d'une spatule en caoutchouc, soulevez sous les bords de l'œuf tout en inclinant la poêle afin que tout œuf non cuit puisse glisser en dessous et cuire. Couvrez la moitié des œufs avec le mélange de légumes. Saupoudrez le fromage par-dessus. Repliez l'œuf nature sur la moitié avec les légumes, pour créer une demi-lune. Faites cuire encore une minute.

6. Servez immédiatement.

Informations nutritionnelles par portion

500 calories ; 38 g de matières grasses ; 34 g de protéines ; 5 g de glucides ; 1 g de fibres ; 4 g de glucides nets

DÉJEUNER

Roulés au bacon et à la dinde

Rendement : 2 portions

La cuisson d'un lot de bacon et sa conservation au réfrigérateur permettent de préparer des déjeuners rapides en semaine. Il suffit de le réchauffer rapidement dans une poêle pour le rendre croustillant. N'hésitez pas à remplacer la dinde par un reste de poulet rôti.

Ingrédients

- 2 feuilles de chou frisé
- 1 cuillère à soupe de mayonnaise
- 4 tranches de bacon cuit
- 1 avocat, dénoyauté et coupé en tranches
- 4 tranches de dinde

Préparation

1. Posez chaque feuille de chou frisé sur une planche à découper. Badigeonnez avec la mayonnaise. Sur la moitié de chaque feuille, posez deux morceaux de bacon, la moitié des tranches d'avocat et deux tranches de dinde.

2. Roulez en commençant par le bout qui est rempli. Dégustez.

Informations nutritionnelles par portion

510 calories ; 44 g de matières grasses ; 17 g de protéines ; 14,6 g de glucides ; 7,3 g de fibres ; 7,3 g de glucides nets

Zoodles épicé au sésame

Rendement : *2 portions*

Ingrédients

- ½ lime (citron vert)
- ¼ tasse de beurre d'amande crémeux
- 1 cuillère à soupe de sauce soja
- 1 cuillère à soupe d'huile de sésame
- ½ cuillère à café de flocons de piment rouge
- Sel au goût
- ½ tasse de chou rouge déchiqueté
- Une poignée de coriandre fraîche, feuilles et tiges hachées
- 2 oignons verts, hachés
- ⅓ de tasse d'amandes tranchées
- Zoodles

Préparation

1. Faites un jus de citron vert dans un bol profond.

2. Ajoutez le beurre d'amande, la sauce de soja, l'huile de sésame et les flocons de piment dans le bol. Assaisonnez avec du sel. Fouettez jusqu'à ce que le tout soit bien mélangé.

3. Ajoutez le chou, la coriandre, les oignons verts, les amandes et les Zoodles dans le bol. Mélangez pour bien enrober. Servez immédiatement, ou mettez au frais avant de servir.

Informations nutritionnelles par portion

507 calories ; 47,6 g de matières grasses ; 12,9 g de protéines ; 14 g de glucides ; 6,8 g de fibres ; 7,2 g de glucides nets

Poivrons farcis à l'italienne

Rendement : 2 portions

Ingrédients

- 1 cuillère à soupe d'huile d'olive
- 225 g de viande hachée
- Sel et poivre noir fraîchement moulu
- 1 gousse d'ail, hachée
- 1 tasse de sauce tomate à feu doux
- ½ cuillère à café de basilic séché
- ½ cuillère à café d'origan séché
- 1 tasse de couscous de chou-fleur
- 115 g de mozzarella déchiquetée
- 2 poivrons rouges

Préparation

1. Dans une poêle moyenne, versez l'huile et faites-la chauffer jusqu'à ce qu'elle devienne brillante. Ajoutez le bœuf et utilisez une fourchette pour briser les morceaux. Assaisonnez avec du sel et du poivre. Faites cuire jusqu'à ce que la viande soit bien dorée. Transférez dans un bol à l'aide d'une cuillère trouée ; mettez de côté.

2. Ajoutez l'ail dans la poêle. Faites sauter jusqu'à ce qu'il soit odorant, environ 1 minute.

3. Ajoutez la sauce tomate, le basilic et l'origan, puis remettez la viande dans la poêle. Assaisonnez avec du sel et du poivre. Baissez le feu à faible intensité et laissez mijoter pendant 5 minutes.

4. Préchauffez le four à 190 °C.

5. Retirez la garniture de viande du feu et laissez-la refroidir légèrement pendant que le four préchauffe.

6. Incorporez le couscous de chou-fleur et la moitié de la mozzarella à la garniture.

7. Coupez le dessus des poivrons et enlevez les graines. Répartissez uniformément la garniture de viande dans les poivrons à l'aide d'une cuillère. Disposez les poivrons dans un moule à pain. Saupoudrez le reste de la mozzarella sur les poivrons.

8. Faites cuire 35 à 40 minutes, jusqu'à ce que les poivrons soient tendres et que le fromage soit légèrement doré. Servez chaud.

Informations nutritionnelles par portion

574 calories ; 40,2 g de matières grasses ; 36,8 g de protéines ; 17,9 g de glucides ; 4,2 g de fibres ; 13,7 g de glucides nets

Salade chaude d'épinards et de poulet

Rendement : *2 portions*

Ingrédients

- 4 tranches de bacon
- 1 gousse d'ail, écrasée
- 2 cuillères à café de moutarde de Dijon
- 2 cuillères à soupe de vinaigre de vin rouge
- Sel
- Poivre noir fraîchement moulu
- 2 tasses de poulet cuit coupé en cubes ou râpé
- 4 tasses de jeunes épinards

Préparation

1. Ajoutez le bacon dans une poêle froide, et placez-le sur un feu moyen vif. Faites cuire jusqu'à ce qu'il soit croustillant de partout, en le retournant une fois. Déposez-le dans une assiette tapissée de papier essuie-tout.

2. Dans la même poêle, ajoutez l'ail. Faites sauter jusqu'à ce qu'il soit odorant, environ 1 minute. Jetez l'ail. Hors du feu, ajoutez la moutarde et le vinaigre en fouettant. Assaisonnez avec du sel et du poivre.

3. Remettez la poêle à feu doux. Incorporez le poulet en remuant, et faites-le cuire jusqu'à ce qu'il soit chaud, 1 à 2 minutes. Retirez la poêle du feu, ajoutez les épinards en remuant, puis répartissez immédiatement la salade dans deux bols peu profonds. Dégustez immédiatement.

Informations nutritionnelles par portion

489 calories ; 32 g de matières grasses ; 43,8 g de protéines ; 2,9 g de glucides ; 1,3 g de fibres ; 1,6 g de glucides nets

Salade César au poulet

Rendement : 2 portions

Ingrédients

- ¼ tasse de mayonnaise
- 1 gousse d'ail
- 1 cuillère à café de jus de citron fraîchement pressé
- ¼ cuillère à café de sauce soja
- ½ cuillère à café de pâte d'anchois
- 1 cuillère à soupe de parmesan
- ¼ cuillère à café Moutarde de Dijon
- 1 bouquet de la laitue, haché
- 2 tasses de restes de poulet rôti
- 6 croustilles de parmesan

Préparation

1. Pour préparer la vinaigrette, passez au mixeur la mayonnaise, l'ail, le jus de citron, la sauce soja, la pâte d'anchois, le parmesan et la moutarde. Mélangez jusqu'à ce que la vinaigrette soit lisse et crémeuse.

2. Dans un bol profond, mélangez la laitue et le poulet. Ajoutez la moitié de la vinaigrette et mélangez jusqu'à ce qu'elle soit bien enrobée. Garnissez avec des croustilles de parmesan. Servez immédiatement.

Informations nutritionnelles par portion

321 calories ; 29 g de matières grasses ; 12,4 g de protéines ; 2,8 g de glucides ; 1 g de fibres ; 1,8 g de glucides nets

Ailes de poulet à la vinaigrette ranch

Rendement : 2 portions

Ingrédients

- 1 cuillère à café de levure chimique
- ½ cuillère à café de poudre d'ail
- ½ cuillère à café de poivre noir, et plus si nécessaire
- ¼ cuillère à café de sel, et plus si nécessaire
- 8 ailes de poulet
- 2 cuillères à soupe de beurre fondu
- ¼ tasse de sauce piquante (de préférence sans sucre ajouté)
- ¼ tasse de vinaigrette ranch

Préparation

1. Préchauffez le four à 190 °C. Badigeonnez généreusement une plaque de cuisson avec de l'huile d'olive.

2. Mélangez la levure chimique, la poudre d'ail, le poivre, le sel et 1 cuillère à soupe d'eau dans un bol profond. Ajoutez le poulet et remuez jusqu'à ce qu'il soit bien enrobé. Disposez le poulet en une seule couche sur la plaque préparée. Faites cuire au four pendant 20 à 25 minutes, en retournant à mi-cuisson, jusqu'à ce qu'il soit doré des deux côtés.

3. Pendant ce temps, fouettez ensemble le beurre et la sauce piquante dans un petit bol. Versez sur le poulet, en remuant pour vous assurer qu'il est bien enrobé. Augmentez la température du four à 200 °C. Faites cuire 10 à 15 minutes de plus, en tournant à mi-cuisson, jusqu'à ce que le poulet soit croustillant.

4. Servez les ailes de poulet chaudes avec la vinaigrette Ranch.

Informations nutritionnelles par portion

310 calories ; 26,3 g de matières grasses ; 16,3 g de protéines ; 2,4 g de glucides ; 0,1 g de fibres ; 2,3 g de glucides nets

Sucettes de bacon et de crevettes

Rendement : 2 portions

Ingrédients

- 6 tranches de bacon
- 6 crevettes géantes, décortiquées et déveinées
- 2 brochettes en bois ou en métal

Préparation

1. Si vous utilisez des brochettes en bois, faites-les tremper dans l'eau pendant 2 heures pour éviter les échardes.

2. Préchauffez le gril de votre four.

3. Utilisez un morceau de bacon pour envelopper une crevette (imaginez que vous enroulez un morceau de ruban autour d'un anneau) afin de la couvrir complètement. Répétez l'opération avec le reste du bacon et des crevettes.

4. Ajoutez trois morceaux à chaque brochette, en faisant glisser la brochette à travers les crevettes dans le sens de la longueur (au lieu de la faire passer par le centre). Placez sur une plaque à rebord.

5. Faites griller 4 à 5 minutes, jusqu'à ce que les crevettes soient dorées. Retournez-les et faites-les griller 4 à 5 minutes de plus jusqu'à ce qu'elles soient bien cuites. Servez chaud.

Informations nutritionnelles par portion

410 calories ; 34 g de matières grasses ; 25 g de protéines ; 1 g de glucides ; 0 g de fibres ; 1 g de glucides nets

Salade de crevettes et d'avocats

Rendement : 2 portions

Ingrédients

- 8 grosses crevettes, décortiquées et déveinées
- 1 laitue Boston, hachée
- 1 laitue romaine, hachée
- 10 tomates raisins, coupées en deux
- 4 œufs durs, coupés en deux
- 4 tranches de bacon cuit, émiettées
- 1 avocat, dénoyauté et haché
- ¼ tasse de vinaigrette simple

Préparation

1. Pour faire cuire les crevettes, remplissez une casserole de 2 litres d'eau et portez à ébullition à feu vif. Ensuite, ajoutez les crevettes. Couvrez et retirez la casserole du feu. Laissez reposer pendant 10 minutes. Égouttez les crevettes et mettez-les dans un bol d'eau glacée pour arrêter la cuisson ; mettez-les de côté.

2. Disposez les laitues, les tomates, les œufs, le bacon, l'avocat et les crevettes entre deux bols peu profonds. Versez la vinaigrette sur le dessus. Servez immédiatement.

Informations nutritionnelles par portion

838 calories ; 69,6 g de matières grasses ; 40 g de protéines ; 17,9 g de glucides ; 9,5 g de fibres ; 8,4 g de glucides nets

Couscous de chou-fleur frit au porc

Rendement : 2 portions

Ingrédients

- 2 cuillères à café d'huile d'olive
- 2 œufs, battus
- Sel et poivre noir fraîchement moulu
- 2 côtelettes de porc désossées, coupées en dés
- 1 cuillère à soupe d'huile de sésame
- 1 cuillère à café de gingembre fraîchement râpé
- 1 gousse d'ail, finement hachée
- 3 tasses de couscous de chou-fleur froid et cuit
- 3 cuillères à soupe de sauce soja
- 2 à 3 oignons verts, hachés

Préparation

1. Faites chauffer 1 cuillère à café d'huile d'olive dans une poêle profonde à feu moyen élevé jusqu'à ce qu'elle devienne chatoyante. Ajoutez les œufs et faites cuire en remuant jusqu'à ce qu'ils soient bien cuits, environ 1 minute. Transférez-les dans un petit bol.

2. Augmentez le feu à vif et ajoutez une autre cuillère à café d'huile d'olive dans la poêle. Incorporez le porc et faites-le sauter jusqu'à ce qu'il soit doré et bien cuit, pendant 2 à 3 minutes. Transférez-le dans le bol avec les œufs.

3. Faites chauffer l'huile de sésame dans la même poêle. Ajoutez le gingembre et l'ail. Faites sauter jusqu'à ce qu'ils soient parfumés, 15 à 30 secondes. Ajoutez le couscous de chou-fleur en prenant soin de briser les grumeaux. Incorporez la sauce soja et les oignons verts. Remettez le porc et l'œuf dans la poêle. Faites sauter jusqu'à ce que le couscous de chou-fleur soit bien chaud, 1 à 2 minutes. Servez chaud.

Informations nutritionnelles par portion

342 calories ; 29,5 g de matières grasses ; 16,6 g de protéines ; 5,8 g de glucides ; 1,1 g de fibres ; 4,7 g de glucides nets

DÎNER

Salade de porc et de Kimchi

Rendement : 2 portions

Ingrédients

- 2 cuillères à café d'huile d'olive
- 1 gousse d'ail, finement hachée
- 225 g de porc haché
- Une poignée de coriandre fraîche, hachée
- ½ tasse de Kimchi, bien haché
- 1 cuillère à café de sauce de poisson
- 1½ cuillère à café de sauce soja
- Sel au goût
- 1 petite laitue Boston, feuilles enlevées, rincées et séchées
- Quartiers de citron vert, pour la garniture
- Menthe fraîche, pour la garniture

Préparation

1. Dans une poêle, faites chauffer l'huile à feu moyen vif jusqu'à ce qu'elle devienne chatoyante. Ajoutez l'ail et faites-le revenir 1 à 2 minutes jusqu'à ce qu'il soit légèrement doré.

2. Ajoutez le porc, en utilisant une fourchette pour briser les gros morceaux. Incorporez la coriandre, le Kimchi, la sauce de poisson et la sauce de soja. Assaisonnez avec du sel. Baissez le feu à moyen doux. Continuez la cuisson en remuant toutes les deux minutes, jusqu'à ce que le porc soit complètement cuit, soit 7 à 9 minutes.

3. Pendant ce temps, disposez les feuilles de laitue sur un plateau.

4. Déposez la farce de porc cuite sur les feuilles de laitue à l'aide d'une cuillère. Garnissez avec des quartiers de citron vert et de la menthe fraîche. Servez immédiatement.

Informations nutritionnelles par portion

322 calories ; 24,3 g de matières grasses ; 19,7 g de protéines ; 6,8 g de glucides ; 2,6 g de fibres ; 4,2 g de glucides nets

Hamburgers thaïlandais à la dinde

Rendement : *2 portions*

Ingrédients

- 340 g de dinde hachée
- 1 gousse d'ail
- 1 cuillère à café de gingembre frais râpé
- Une poignée de coriandre fraîche, tiges et feuilles finement hachées
- 2 cuillères à café de curry rouge
- ½ cuillère à café de sel, et plus encore au goût
- 4 cuillères à café de mayonnaise
- ½ cuillère à café de moutarde de Dijon
- 2 cuillères à café d'huile d'olive
- Poivre noir fraîchement moulu
- 2 feuilles de laitue romaine ou feuilles de chou frisé

Préparation

1. Dans un bol moyen, ajoutez la dinde, l'ail, le gingembre, la moitié de la coriandre hachée, la pâte de piment et le sel. Bien mélangez. Divisez le mélange en deux portions égales et façonnez des galettes plates.

2. Dans un petit bol, mélangez la mayonnaise, la moutarde et le reste de la coriandre. Assaisonnez avec du sel et du poivre.

3. Faites chauffer l'huile dans une poêle moyenne à feu moyen vif. Ajoutez les burgers et faites-les cuire jusqu'à ce qu'ils soient dorés en dessous, 4 à 5 minutes. Retournez-les et poursuivez la cuisson jusqu'à ce qu'ils soient dorés de l'autre côté et qu'ils soient bien cuits, 4 à 5 minutes de plus.

4. Enveloppez chaque burger dans une feuille de laitue pour servir.

Informations nutritionnelles par portion

451 calories ; 29 g de matières grasses ; 45,5 g de protéines ; 1,8 g de glucides ; 0,8 g de fibres ; 1 g de glucides nets

Bavette de bœuf au chou

Rendement : 4 portions

Ingrédients

- ¼ tasse de ketchup
- 2 cuillères à soupe de beurre fondu
- 1 cuillère à café de moutarde de Dijon
- ½ cuillère à café de poudre d'oignon
- ½ cuillère à café de poivre noir fraîchement moulu
- Sel au goût
- 700 g de bavette de bœuf
- ¼ tasse de mayonnaise
- 1 cuillère à soupe de vinaigre de cidre de pomme
- ¼ cuillère à café de graines de céleri
- 2 tasses de chou râpé

Préparation

1. Préchauffez le gril de votre four à haute température.

2. Dans un petit bol, mélangez au fouet le ketchup, le beurre, la moutarde, la poudre d'oignon et le poivre noir.

3. Placez le steak sur une plaque à rebord. Badigeonnez la sauce sur toute la surface, en haut et en bas. Faites cuire 5 à 7 minutes, jusqu'à ce que le dessus soit bien doré. Tournez-le et faites-le cuire 5 à 7 minutes de plus, jusqu'à la cuisson désirée. Laissez-le reposer 5 minutes.

4. Pendant ce temps, préparez la salade. Dans un petit bol, fouettez ensemble la mayonnaise, le vinaigre et les graines de céleri dans un bol profond. Assaisonnez avec du sel et du poivre. Ajoutez le chou et remuez jusqu'à ce que le tout soit bien mélangé. Laissez reposer au réfrigérateur. On peut le préparer 1 jour à l'avance.

5. Coupez le steak en tranches, à contre-courant, et servez avec la salade de chou.

Informations nutritionnelles par portion

392 calories ; 25 g de matières grasses ; 37 g de protéines ; 3 g de glucides ; 1 g de fibres ; 2 g de glucides nets

Bœuf à la bolognaise

***Rendement :** 4 portions*

Ingrédients

- 4 tranches de bacon, hachées
- 700 g de bœuf haché
- Sel et poivre noir fraîchement moulu
- ¾ tasse de crème épaisse
- 1 boîte (800 g) de purée de tomates
- Zoodles, pour servir
- Fromage parmesan râpé, pour servir (facultatif)

Préparation

1. Ajoutez le bacon dans une poêle profonde froide et placez-le sur un feu moyen vif. Faites cuire jusqu'à ce qu'il soit croustillant de partout, en le retournant une fois. Déposez-le dans un bol à l'aide d'une cuillère à rainures.

2. Émiettez le bœuf dans la poêle. Assaisonnez avec du sel et du poivre. Faites cuire, en remuant de temps en temps, jusqu'à ce qu'il soit bien doré, de 5 à 7 minutes.

3. Diminuez le feu à moyen doux. Incorporez la crème en remuant. Faites cuire, en remuant de temps en temps, jusqu'à ce que la crème soit presque évaporée, mais que la viande ne soit pas sèche, environ 10 minutes.

4. Incorporez la purée de tomates en prenant soin de racler les morceaux brunis au fond de la poêle. Assaisonnez avec du sel. Porter à ébullition. Réduisez le feu à faible intensité. Laissez cuire pendant 2 à 3 heures, en remuant de temps en temps. Si nécessaire, ajoutez quelques cuillères à soupe d'eau pour éviter que la sauce ne colle à la poêle.

5. Environ 30 minutes avant que la sauce ne soit prête, commencez à préparer les zoodles.

6. Servez la Bolognaise sur les zoodles, avec du fromage de brebis, si vous le souhaitez.

Informations nutritionnelles par portion

532 calories ; 36,2 g de matières grasses ; 42,6 g de protéines ; 8,4 g de glucides ; 3,7 g de fibres ; 3,7 g de glucides nets

Poulet rôti au beurre

Rendement : 4 portions

Ingrédients

- 6 cuillères à soupe de beurre, ramolli
- 1½ cuillère à café de paprika fumé
- 1 gousse d'ail, râpée
- Une poignée de persil frais, haché
- Sel et poivre noir fraîchement moulu au goût
- Un poulet entier (1,5 kg)

Préparation

1. Préchauffez le four à 230 °C.

2. Dans un petit bol, mélangez le beurre, le paprika, l'ail, le persil, le sel et le poivre. À l'aide d'une fourchette, mélangez jusqu'à ce que le tout soit bien homogène.

3. Placez le poulet dans une rôtissoire. Passez le mélange de beurre sur toute la surface. Faites cuire pendant 20 minutes, puis ajoutez ½ tasse d'eau au fond de la rôtissoire — cela permet d'éviter que les égouttures ne fument, tout en faisant une sauce naturelle à partir des jus. Faites rôtir pendant 40 à 50 minutes de plus, en arrosant toutes les 15 minutes, jusqu'à ce que les jus deviennent clairs et qu'un thermomètre à lecture instantanée inséré dans la cuisse indique 75 °C.

4. Sortez le poulet du four et laissez-le reposer pendant 5 à 10 minutes avant de le découper.

Informations nutritionnelles par portion

614 calories ; 51 g de matières grasses ; 37 g de protéines ; 0,5 g de glucides ; 0 g de fibres ; 0,5 g de glucides nets

Bols de fajitas au poulet

Rendement : *2 portions*

Ingrédients

- 2 pilons de poulet, avec la peau
- 2 hauts de cuisse de poulet, avec la peau
- 2 à 3 cuillères à soupe de beurre, ramolli
- 1 cuillère à café d'assaisonnement pour tacos
- Sel et poivre noir fraîchement moulu
- 1 poivron, épépiné et coupé en tranches
- 2 gousses d'ail, hachées
- 1 cuillère à soupe d'huile d'olive
- Couscous de chou-fleur
- 1 citron vert, zesté et le reste de la lime coupée en quartiers
- Petit bouquet de coriandre fraîche, feuilles et tiges hachées

Préparation

1. Préchauffez le four à 230 °C.

2. Enduisez les morceaux de poulet de 1 à 2 cuillères à soupe de beurre. Déposez-les en une seule couche sur une plaque de cuisson à rebord. Saupoudrez de l'assaisonnement pour tacos ; assaisonnez avec du sel et du poivre. Ajoutez le poivron et l'ail dans la poêle, et arrosez d'huile d'olive.

3. Faites rôtir jusqu'à ce que le poulet commence à dorer, 15 à 20 minutes. Remuez les poivrons pour les enrober du jus de cuisson. Ajoutez quelques cuillères à soupe d'eau si la poêle semble trop sèche. Versez une cuillère de jus sur le poulet. Faites encore cuire pendant 15 à 20 minutes, jusqu'à ce que le poulet atteigne une température de 75 °C lorsqu'il est testé avec un thermomètre à lecture instantanée.

4. Pendant ce temps, préparez le couscous de chou-fleur. Une fois cuit, ajoutez le zeste de citron vert et la moitié de la coriandre.

5. Pour servir, répartissez le couscous dans deux bols larges et peu profonds. Garnissez chacun d'un pilon et d'un haut de cuisse, puis d'un peu de poivron. Versez une cuillère de jus de cuisson sur le couscous. Saupoudrez avec le reste de la coriandre et dégustez !

Informations nutritionnelles par portion

455 calories ; 32 g de matières grasses ; 36,3 g de protéines ; 6 g de glucides ; 2,3 g de fibres ; 3,7 g de glucides nets

Galettes de saumon aux amandes

Rendement : *4 portions*

Ingrédients

- 170 g de saumon rose sauvage
- 1 cuillère à soupe de moutarde de Dijon
- ¼ cuillère à café de paprika
- Une poignée de persil plat frais, haché
- 1 gros œuf
- Sel et poivre noir fraîchement moulu au goût
- 1 tasse de farine d'amandes
- 2 cuillères à soupe d'huile de noix de coco

Préparation

1. Dans le bol d'un robot de cuisine, mixez le saumon, la moutarde, le paprika, le persil, l'œuf, le sel, le poivre et ½ la tasse de farine d'amandes. Pulvérisez le mélange jusqu'à ce qu'il soit grossièrement mélangé (il reste quelques morceaux de saumon). Transférez dans un bol, couvrez et mettez au réfrigérateur pendant au moins 1 heure ou toute la nuit.

2. Au moment de la cuisson, divisez le mélange de saumon en 8 boules égales. Aplatissez-les en galettes. Utilisez le reste de la farine d'amandes pour les enrober.

3. Dans une poêle antiadhésive, faites fondre 1 cuillère à soupe d'huile de noix de coco à feu moyen jusqu'à ce qu'elle devienne brillante. Ajoutez les galettes dans la poêle. Faites-les cuire jusqu'à ce qu'elles soient dorées en dessous, 3 à 4 minutes. Retournez-les et faites-les cuire jusqu'à ce qu'elles soient dorées de l'autre côté, 3 à 4 minutes de plus. Servez chaud.

Informations nutritionnelles par portion

369 calories ; 26 g de matières grasses ; 26 g de protéines ; 7 g de glucides ; 3,5 g de fibres ; 3,5 g de glucides nets

Boulettes suédoises

Rendement : 2 portions

Ingrédients

- 450 g de viande hachée
- 1 œuf
- 1 gousse d'ail, râpée
- ¼ cuillère à café de noix de muscade fraîche râpée
- 2 cuillères à soupe de persil plat frais haché
- ¼ tasse de farine d'amandes
- ½ cuillère à café de sel
- Poivre noir fraîchement moulu au goût
- 2 cuillères à soupe de beurre
- 1 cuillère à soupe de moutarde de Dijon
- 1 cuillère à café de sauce soja
- 2 cuillères à café de farine de noix de coco
- ¾ tasse de bouillon de poulet ou de bœuf
- ½ tasse de crème épaisse

Préparation

1. Dans un bol moyen, ajoutez le bœuf, l'œuf, l'ail, la noix de muscade, le persil, la farine d'amandes, le sel et le poivre. Mélangez le tout avec vos mains, ou avec une cuillère en bois si cela vous convient mieux, jusqu'à ce que le tout soit bien mélangé. Façonnez en 8 boules.

2. Faites fondre le beurre dans une poêle à feu moyen vif. Ajoutez les boulettes de viande. Faites-les cuire jusqu'à ce qu'elles soient bien dorées de tous côtés, en les retournant au besoin, pendant 8 à 10 minutes. Déposez-les dans un plat ; mettez-les de côté.

3. Enlevez de la poêle toute la graisse, sauf une cuillère à soupe. À feu moyen, ajoutez la moutarde, la sauce soja et la farine de noix de coco en grattant les morceaux brunis. Ajoutez le bouillon en remuant. Portez à ébullition. Réduisez le feu pour faire mijoter et ajoutez la crème en remuant. Assaisonnez avec du sel et du poivre. Remettez les boulettes de viande dans la casserole et faites-les cuire encore 8 à 10 minutes, jusqu'à ce que la sauce épaississe. Servez chaud.

Informations nutritionnelles par portion

728 calories ; 51 g de matières grasses ; 59,6 g de protéines ; 8,4 g de glucides ; 2,8 g de fibres ; 5,6 g de glucides nets

Pizza keto

Rendement : *2 à 4 portions*

Ingrédients
POUR LA CROUTE
- 1 œuf
- 170 g de fromage mozzarella râpé
- 4 cuillères à soupe de beurre, ramolli
- ½ tasse de farine d'amandes blanchies
- 6 cuillères à soupe de farine de noix de coco
- 2 cuillères à café de levure chimique
- ¼ cuillère à café de sel

POUR LE GARNISSAGE
- ¾ tasse de sauce tomate
- 170 g de fromage mozzarella râpé
- Tout garnissage keto souhaité

Préparation

1. Préchauffez le four à 190 °C.

2. Pour faire la croûte, incorporez l'œuf, la mozzarella, le beurre, les farines, la levure chimique et le sel dans le bol d'un robot de cuisine. Pulsez jusqu'à ce qu'il forme une boule rugueuse. Saupoudrez très légèrement un étalage de farine de noix de coco. Pétrissez la pâte jusqu'à ce qu'elle devienne lisse, 30 à 60 secondes, en ajoutant de la farine de noix de coco uniquement si nécessaire pour éviter que la pâte ne colle.

3. Placez la pâte sur une feuille de papier sulfurisé. Couvrez-la avec une autre feuille de papier sulfurisé ou de papier ciré. Roulez-la en un cercle épais. Enlevez la couche supérieure du papier sulfurisé. Faites glisser la croûte, toujours sur le papier sulfurisé, sur une plaque à pizza. Faites cuire jusqu'à ce que la pâte soit légèrement dorée, environ 15 minutes.

4. Étalez la sauce tomate sur le dessus, en laissant une bordure de 1 cm sur le bord. Saupoudrez avec le reste du fromage mozzarella et ajoutez les garnitures souhaitées. Faites cuire jusqu'à ce que le fromage soit fondu et bouillonnant, et que la croûte soit croustillante, 15 à 20 minutes de plus. Laissez reposer pendant 2 minutes avant de trancher et de servir.

5. Pour faire chauffer les restes, ajoutez les tranches dans une poêle antiadhésive à feu moyen. Faites cuire jusqu'à ce qu'elles soient chaudes et dégustez.

Informations nutritionnelles par portion

169 calories ; 10 g de matières grasses ; 16 g de protéines ; 5,4 g de glucides ; 2 g de fibres ; 3,4 g de glucides nets

GÂTERIES ET BOISSONS

Pudding au chia

Rendement : *2 portions*

Ingrédients

- ¾ tasse de lait de coco non sucré
- 2 cuillères à soupe de café expresso ou de café fortement infusé
- Zeste d'une orange
- 4 cuillères à soupe de graines de chia blanc
- 2 cuillères à soupe d'amandes effilées, grillées

Préparation

1. Dans un petit bol, mélangez au fouet le lait de coco, le café expresso et le zeste d'orange. Incorporez les graines de chia en remuant jusqu'à ce qu'elles soient bien mélangées.

2. Répartissez le mélange dans deux bocaux. Couvrez-les avec leurs couvercles. Laissez-les refroidir pendant au moins 24 heures, et jusqu'à 2 jours. Le pudding se conservera, couvert, jusqu'à 4 jours. Pour servir, garnissez chaque pudding avec le reste des amandes effilées.

Informations nutritionnelles par portion

206 calories ; 14,4 g de matières grasses ; 7,2 g de protéines ; 14,9 g de glucides ; 10,1 g de fibres ; 4,8 g de glucides nets

Bombes de gras aux amandes

Rendement : 12 pièces

Ingrédients

- 6 cuillères à soupe de pépites de chocolat noir
- 6 cuillères à soupe de beurre d'amande
- 6 cuillères à soupe d'huile de noix de coco

Préparation

1. Tapissez un mini moule à muffins de 12 pièces avec du papier.

2. Dans un petit bol allant au micro-ondes, faites fondre les pépites de chocolat à intervalles de 30 secondes. Versez la moitié dans les moules préparés. Laissez refroidir pendant 5 minutes.

3. Dans une petite casserole, combinez le beurre d'amande et l'huile de coco à feu doux. Laissez cuire jusqu'à ce qu'ils soient fondus, en remuant pour bien les mélanger. Versez une quantité égale sur le chocolat dans les moules en papier.

4. Versez uniformément le reste du chocolat sur la garniture au beurre d'amande. Mettez au réfrigérateur pour qu'il se raffermisse, au moins deux heures. À conserver au réfrigérateur.

Informations nutritionnelles par portion

135 calories ; 13,4 g de matières grasses ; 2,2 g de protéines ; 6 g de glucides ; 2,8 g de fibres ; 3,2 g de glucides nets

Mousse d'avocat aux amandes

Rendement : 2 portions

Ingrédients

- 1 avocat mûr, dénoyauté et sans peau
- 2 cuillères à soupe de poudre de cacao
- ½ cuillère à café d'extrait de vanille
- 6 à 8 cuillères à soupe de lait de coco (selon la taille de l'avocat)
- 1 cuillère à soupe de pépites de chocolat noir
- 1 cuillère à soupe de flocons de noix de coco
- 1 cuillère à soupe d'amandes effilées
- Crème fouettée à la noix de coco, pour servir (facultatif)

Préparation

1. Incorporez l'avocat, le cacao en poudre, la vanille et le lait de coco dans le bol d'un robot de cuisine.

2. Pulsez jusqu'à ce que le mélange soit lisse.

3. Répartissez la préparation dans deux petits bols ou pots. Garnissez uniformément avec les pépites de chocolat, les flocons de noix de coco et les amandes. Couvrez avec un film alimentaire et mettez au réfrigérateur pendant au moins 2 heures, jusqu'à ce que le pudding soit pris. Vous pouvez préparer le pudding jusqu'à une journée à l'avance. Garnissez de crème fouettée à la noix de coco avant de servir, si vous en utilisez.

Informations nutritionnelles par portion

268 calories ; 37 g de matières grasses ; 263,4 g de protéines ; 22,4 g de glucides ; 13 g de fibres ; 9,7 g de glucides nets

Crème fouettée à la noix de coco

Rendement : *1 tasse*

Ingrédients

- 1 boîte (400 g) de lait de coco entier non sucré

Préparation

1. Veillez à placer la boîte de lait de coco au réfrigérateur 24 heures avant de préparer cette crème fouettée.

2. Le lendemain, ouvrez la boîte, videz les morceaux solides et ajoutez-les dans un petit bol (gardez le reste de l'eau de coco pour un autre usage). À l'aide d'un batteur à main, fouettez les solides de la noix de coco jusqu'à ce qu'ils soient mousseux et épaississent en une crème légèrement ferme. À utiliser immédiatement.

Informations nutritionnelles par tasse

61 calories ; 6,3 g de matières grasses ; 0,6 g de protéines ; 1,4 g de glucides ; 0,6 g de fibres ; 0,8 g de glucides nets

Café Bulletproof

Rendement : **1 tasse**

Lorsque vous avez besoin d'un regain d'énergie rapide qui vous donne aussi une sensation de satiété, le café Bulletproof est la meilleure solution. C'est un excellent moyen de commencer la journée ou de se ressourcer l'après-midi pour éviter de grignoter.

Ingrédients

- ¾ tasse de café chaud
- 2 cuillères à soupe de beurre
- ½ cuillère à café de poudre de cacao
- ¼ cuillère à café de cannelle

Préparation

Mettez tous les ingrédients dans le récipient d'un mixeur. Mixez à puissance élevée pendant 30 à 60 secondes, jusqu'à ce que le mélange soit mousseux.

Informations nutritionnelles par tasse

327 calories ; 39,4 g de matières grasses ; 0,7 g de protéines ; 0 g de glucides ; 0 g de fibres ; 0 g de glucides nets

Chai Bulletproof

Rendement : *1 tasse*

Ingrédients

- 340 g de thé noir infusé à chaud
- 2 cuillères à soupe de beurre
- ¼ tasse de lait de coco non sucré
- ¼ cuillère à café cardamome
- ¼ cuillère à café de gingembre frais râpé
- ¼ cuillère à café de clous de girofle en poudre
- ½ cuillère à café de cannelle

Préparation

Mettez tous les ingrédients dans le récipient d'un mixeur. Mixez à puissance élevée pendant 30 à 60 secondes, jusqu'à ce que le mélange soit mousseux.

Informations nutritionnelles par tasse

464 calories ; 51 g de matières grasses ; 3,5 g de protéines ; 7 g de glucides ; 1 g de fibres ; 6 g de glucides nets

PRÉPARATIONS BASIQUES

Bouillon d'os de poulet

Rendement : environ 1 litre

Ingrédients

- 8 hauts de cuisses de poulet, avec peau et os
- 3 gousses d'ail, pelées et écrasées
- 4 côtes de céleri, coupées en morceaux
- Sel et poivre noir fraîchement moulu
- 3 cuillères à soupe d'huile d'olive
- Une poignée de persil frais à feuilles plates

Préparation

1. Préchauffez votre four à 250 °C.

2. Placez les morceaux de poulet, l'ail et le céleri dans une rôtissoire. Assaisonnez avec du sel et du poivre. Faites rôtir pendant 15 minutes. Arrosez d'un peu d'huile. Faites rôtir pendant 15 minutes supplémentaires.

3. Ajoutez le persil et versez 6 tasses d'eau dans la rôtissoire. Faites rôtir pendant 30 minutes supplémentaires.

4. Réduisez la température du four à 135 °C. Faites rôtir pendant au moins 3 heures et jusqu'à 6 heures, en ajoutant plus d'eau dans la poêle si nécessaire pour que le poulet reste couvert aux deux tiers. Il faut que le dessus du poulet soit bien doré, mais qu'il reste en grande partie immergé pour que la viande soit braisée. Goûtez le bouillon au fur et à mesure de sa cuisson et ajoutez du sel, si nécessaire, selon vos goûts.

5. À l'aide d'une cuillère à rainures, déposez le poulet dans une assiette. Une fois refroidi, retirez la viande et jetez les os. Le poulet est parfait pour un simple sandwich — n'oubliez pas la mayonnaise !

6. Filtrez le bouillon, en éliminant les parties solides. Laissez le bouillon refroidir complètement, puis mettez-le dans des récipients et conservez-le au réfrigérateur pendant une semaine au maximum ou au congélateur pendant deux mois au maximum.

Informations nutritionnelles par tasse
40 calories ; 0,3 g de matières grasses ; 9,4 g de protéines ; 0,6 g de glucides ; 0 g de fibres ; 0,6 g de glucides nets

Sauce tomate

Rendement : *environ 3 tasses*

Ingrédients

- 800 g de tomates, entières et pelées
- 3 gousses d'ail, écrasée
- ¼ tasse d'huile d'olive
- ½ cuillère à café de basilic séché
- Sel au goût

Préparation

1. Mettez les tomates dans un mixeur et réduisez-les en purée. Vous pouvez alternativement les écraser avec les mains dans la poêle si vous préférez une sauce plus épaisse.

2. Ajoutez les tomates, l'ail, l'huile d'olive, le basilic et le sel dans une poêle profonde. Faites cuire, à couvert, pendant 45 minutes à feu doux. Après environ 15 à 20 minutes de cuisson, la sauce commencera à mijoter vigoureusement — ne vous inquiétez pas, c'est ce qu'elle devrait faire.

3. Au bout de 45 minutes, la sauce est prête à être servie, ou vous pouvez la mettre dans un bocal, la laisser refroidir complètement et la conserver au réfrigérateur pendant 3 jours ou au congélateur pendant 2 mois.

Informations nutritionnelles par portion (½ tasse)

88 calories ; 8,3 g de matières grasses ; 1 g de protéines ; 4,3 g de glucides ; 2,2 g de fibres ; 2,1 g de glucides nets

Vinaigrette Ranch

Rendement : 1 tasse

Ingrédients

- ½ tasse de mayonnaise
- ½ tasse de crème aigre (crème sure)
- 2 cuillères à café de jus de citron fraîchement pressé
- 1 cuillère à café de vinaigre de cidre de pomme
- Une poignée de ciboulette fraîche, hachée

Préparation

Dans un bol moyen, fouettez la mayonnaise, la crème aigre, le jus de citron et le vinaigre avec 2 cuillères d'eau. Incorporez la ciboulette. Assaisonnez avec du sel et du poivre. Conservez au réfrigérateur jusqu'à une semaine. Bien agiter avant chaque utilisation.

Informations nutritionnelles par portion (1 cuillère)

60 calories ; 6,2 g de matières grasses ; 0,6 g de protéines ; 0,6 g de glucides ; 0 g de fibres ; 0,6 g de glucides nets

Vinaigrette simple

Rendement : ¾ tasse

Ingrédients

- ½ tasse d'huile d'olive
- ¼ tasse de vinaigre de vin rouge
- 2 cuillères à café de moutarde à l'ancienne
- Herbes fraîches hachées de votre choix (ciboulette, coriandre, persil, oignons verts)
- Sel et poivre noir fraîchement moulu au goût

Préparation

Mettez tous les ingrédients dans un bocal à couvercle et fermez-le bien. Secouez jusqu'à ce que le tout soit bien mélangé. À conserver à température ambiante pendant 1 mois. Veillez à bien agiter avant chaque utilisation.

Informations nutritionnelles par portion (1 cuillère)

83 calories ; 9,5 g de matières grasses ; 0,1 g de protéines ; 0,1 g de glucides ; 0 g de fibres ; 0,1 g de glucides nets

Croustilles de parmesan

Rendement : 12 chips

Ingrédients

- 60 g de fromage Pecorino-Locatelli finement râpé

Préparation

1. Préchauffez le four à 175 °C. Placez un tapis de silicone ou du papier sulfurisé sur une plaque.

2. Déposez le fromage sur la feuille en 12 amas (environ 2 cuillères chacun), en laissant environ 2 cm d'espace entre eux pour qu'ils puissent s'étaler.

3. Faites cuire 5 à 7 minutes, jusqu'à ce que le fromage soit doré et bouillonnant. Les chips seront tendres à la sortie du four, mais deviendront croustillantes quelques minutes après le refroidissement.

Informations nutritionnelles

38 calories ; 2,5 g de matières grasses ; 3,5 g de protéines ; 0,3 g de glucides ; 0 g de fibres ; 0,3 g de glucides nets

Couscous de chou-fleur

Ingrédients

- Petite tête de chou-fleur, uniquement les fleurons (gardez les tiges pour un autre usage)
- 2 cuillères à soupe de beurre
- Sel au goût

Préparation

1. Placez les fleurons dans un robot de cuisine. Pulsez jusqu'à ce qu'ils se décomposent en fins morceaux ressemblant à du couscous.

2. Dans une poêle antiadhésive profonde, faites fondre 1 cuillère à soupe de beurre. Ajoutez le chou-fleur et faites-le cuire jusqu'à ce qu'il soit tendre, en remuant constamment, pendant 5 à 7 minutes. Ajoutez le reste du beurre en remuant. Assaisonnez avec du sel et du poivre. Remuez avec une fourchette avant de servir.

Informations nutritionnelles

116 calories ; 11,8 g de matières grasses ; 1,3 g de protéines ; 2,6 g de glucides ; 1,4 g de fibres ; 1,2 g de glucides nets

Zoodles

Ingrédients

- 3 courgettes moyennes
- 2 cuillères à soupe de beurre
- Sel au goût

Préparation

1. Transformez les courgettes en fines nouilles en spirale. Posez un torchon de cuisine propre sur le comptoir. Étalez les nouilles sur le torchon, et saupoudrez d'un peu de sel. Cela permet d'évacuer l'excès d'eau. Essuyez les nouilles en les tapotant.

2. Dans une poêle profonde, faites fondre le beurre à feu moyen. Ajoutez les zoodles. Faites-les sauter pendant 1 minute. Il est préférable qu'elles restent un peu crues pour conserver leur texture. Elles sont prêtes à être consommées, à servir en accompagnement ou à être utilisées dans un autre plat.

Informations nutritionnelles

107 calories ; 11,6 g de matières grasses ; 0,8 g de protéines ; 0,8 g de glucides ; 0,3 g de fibres ; 0,5 g de glucides nets

Conversion des unités de mesure

Conversion de mesure liquide - tasse en millilitre	
1/8 cuilliere à thé =	0.5 ml
1/4 cuilliere à thé =	1.25 ml
1/2 cuilliere à thé =	2.5 ml
1 cuilliere à thé =	5 ml
1 1/2 cuilliere à thé =	7.5 ml
1/4 cuilliere à thé =	4 ml
1/2 cuilliere à thé =	7.5 ml
1 cuilliere à thé =	15 ml
1/8 tasse =	30 ml
1/4 tasse =	60 ml
1/3 tasse =	80 ml
3/8 tasse =	90 ml
1/2 tasse =	125 ml
5/8 tasse =	150 ml
2/3 tasse =	160 ml
3/4 tasse =	180 ml
7/8 tasse =	210 ml
1 tasse =	250 ml
1 1/4 tasse =	300 ml
1 1/2 tasse =	375 ml
1 3/4 tasse =	475 ml
2 tasse =	500 ml
3 tasses =	750 ml
4 tasse =	1000 ml = 1 litre
8 tasse =	2000 ml = 2 litre

Conversion souvent utilisée pour les recettes (Solide)

30 ml de beurre =	1/8 tasse
60 ml de beurre =	1/4 tasse
120 ml de beurre =	1/2 tasse
100 grammes de beurre =	1/4 tasse
200 grammes de beurre =	1/2 tasse
300 grammes de beurre =	3/4 tasse
62 ml de sucre =	1/4 tasse
125 ml de sucre =	1/2 tasse
250 ml de sucre =	1 tasse
40 grammes de sucre =	50 ml
60 grammes de sucre =	75 ml
80 grammes de sucre =	100 ml
250 ml de cassonade =	1 tasses
500 ml de cassonade =	2 tasses
5 ml de poudre a pate =	1 cuillere a the
1/4 tasse de margarine =	50 grammes
1/2 tasse de margarine =	100 grammes
3/4 tasse de margarine =	150 grammes
1 tasse de margarine =	200 grammes
1 cuillère a soupe de beurre =	15 grammes
1/2 tasse de beurre =	100 grammes
1 tasse de beurre =	200 grammes
1/2 tasse de farine =	58 grammes
1 tasse de farine =	115 grammes
2 tasse de farine =	230 grammes
1/2 tasse de sucre a glacer =	75 grammes
1 tasse de sucre a glacer =	150 grammes
1 1/3 tasse de flocon d'avoine =	100 grammes

Printed in Great Britain
by Amazon